DER TRABANT

Impressum

Büro in Deutschland: HEEL-Verlag, Hauptstraße 354, 5330 Königswinter 1,
Tel. 0 22 23/2 30 27, Fax: 0 22 23/2 30 28
Verantwortlich für den Inhalt: Matthias Röcke
Layout: Olaf Schumacher
Lithos, Satz und Druck: Lorenz Ellwanger, Bayreuth
ISBN 3-89365-200-0

DER TRABANT

FY 04-73

Inhalt

EINFÜHRUNG

Ein Trabant und ein Zebra treffen sich in der Wüste. „Wer bist Du denn", fragt der Trabant. „Ich bin ein Pferd", antwortet das Zebra, „und wer bist Du?" „Ich bin ein Auto". Und beide lachten herzlich.

Das ist einer der unzähligen Witze über den Trabant, wie sie sich die Autofahrer in der DDR über ihren Volkswagen erzählen. Stammtischrunden müßten sich mehrfach treffen, um alle hämischen Nettigkeiten zu diesem Auto auszutauschen, so vielfältig sind die Geschichten. Dahinter verbirgt sich einerseits Spott der Betroffenen über ein dem internationalen Stand der Technik hoffnungslos hinterherhinkendes Automobil, die Verbitterung über Mängel am Objekt selbst, in der Ersatzteilversorgung und in der täglichen Unterhaltung, aber andererseits auch eine Portion Anerkennung für ein einfaches, robustes, strapazierfähiges Stück Technik, das seinen Benutzern, oft zu deren eigener Überraschung, ans Herz gewachsen ist. Deshalb soll dieses Buch auch kein Witzbuch sein, sondern die ernsthafte Würdigung eines Automobils, das unter den besonderen Umständen der sozialistischen Wirtschaftsverhältnisse der anderen deutschen Republik eine markante Stellung in der Automobilwelt errungen hat. Nicht als Wunderwerk der Technik, nein, ganz im Gegenteil. Ursache ist die Verkörperung des oft mühseligen Alltags in der DDR durch den Trabant, ein Produkt ständiger Improvisation. Als solches hat sich der Trabant den Menschen unauslöschlich eingeprägt über Auge, Ohr und Nase. Und als Relikt aus den fünfziger Jahren, in denen auch in der Bundesrepublik der Alltag noch nicht so reibungslos funktionierte wie 30 Jahre später, erzielte der Trabant seinen Aufmerksamkeitswert im September 1989. Tausende von Flüchtlingen brachte er da über Ungarn in die Bundesrepublik. Die Medien entdeckten das Auto aus Zwickau, Museen legten sich ein Exemplar zu, Sammler boten hohe Summen (zu Käufen kam es dann aber nur selten). Auf die autoverwöhnten Bundesbürger wirkte der Trabant so wie zuvor im trist-realen Sozialismus: belächelt zwar, aber auch bewundert: Ein solches Auto schafft so weite Strecken und spielt, in diesem Fall, Schicksal für so viele Familien.

Groß war die Freude deshalb, als an jenem denkwürdigen 9. November 1989 Trabis auf dem Kurfürstendamm in Berlin-West ein Hupkonzert gaben, unterstützt von ebenfalls exotisch wirkenden Wartburgs und altbekannten Ladas und Skodas. Noch einen Tag zuvor hätte man solche Fernsehszenen für gestellt gehalten, sie als Bestandteil eines Science-fiction-Films eingestuft. Die Menschen aus Ost und West feierten die Sensation ihres Wiedersehens, auch an diesem Schicksalstag war der Trabant beteiligt. Und auf der Reeperbahn wurde als eine Art höherer Weihe der erste Trabantdiebstahl in der Bundesrepublik gemeldet.

Der Trabant ähnelt in vielen Punkten dem bundesdeutschen Volkswagen Käfer in den sechziger Jahren. Dessen berühmte Werbekampagne „Er läuft und läuft und läuft ...." könnte auch für den Trabant erfunden worden sein. Sowohl die lapidare Aussage an sich als auch der wahre Kern dieses Satzes findet sich in Schilderungen von Trabantbesitzern in der DDR wieder. Gegenüber Besuchern aus dem Westen laufen solche Gespräche immer ähnlich ab: Natürlich wird über den, gemessen am tatsächlichen Gegenwert und an den Einkommensverhältnissen in der DDR, phantastisch hohen Preis gelästert, ebenso über die technische Rückständigkeit des Zweitakters und die damit verbundenen Unzulänglichkeiten. Aber dann kommt das Gespräch schnell auf all das, was der Wagen schon mitgemacht hat: Zur Not waren auch einmal vier Erwachsene über längere Strekken im Wagen, wurden ein paar Kartoffelsäcke transportiert, Kleinmöbel, Kinderwagen, die Campingausrüstung, die Verpflegung für zwei Wochen Ungarnurlaub oder es wurde der weite Weg bis nach Bulgarien unter die Räder genommen. Das alles hat der Trabi schon hinter sich und manch schwerer Weg steht ihm noch bevor, denn er soll ja noch eine Weile halten.

Dieses Buch will das auf seine Art einmalige Automobilchen Trabant in seiner Realität schildern. Deshalb enthält es keine Witze, außer der kleinen Geschichte zu Beginn und einer zum Abschluß dieser Seite: Ein Amerikaner, ein leidenschaftlicher Autosammler, hat davon gehört, daß es irgendwo in Europa ein Auto geben soll, das so rar ist, daß man zwölf und mehr Jahre darauf warten muß. Er macht den Hersteller ausfindig, bestellt in Zwickau ein Exemplar und bekommt es schon fünf Wochen später geliefert. Stolz präsentiert er den Wagen seinen Freunden: „Stellt Euch vor, weil die Lieferfristen für dieses seltene Auto so lang sind, haben sie mir schon einmal ein Modell geschickt."

So, nun aber ernsthaft, der Trabant:

Auch als Lastesel geeignet: dieser Trabant 601 verdient seiner Besitzerin Geld am ungarischen Balaton

RÜCKSTÄNDIGER BEGLEITER

Trabant-Vorgänger P 50 in schöner Umgebung am Elbufer in Dresden

Der Name war gut gewählt: Trabant, der Begleiter. Millionen hat er begleitet, die ersehnte, wenn auch eingegrenzte Urlaubsfahrt ermöglicht, meist überladen, ewig über schlechte Straßen nickend, treu und unverwüstlich. Bürger der DDR sind mit ihm bis nach Bulgarien und in die Sowjet-Union gefahren, und sie sind immer noch unterwegs im Trabant mit Zweitaktmotor. Tausende kamen im Sommer 1989 im Trabi über Ungarn bis an die Tore der bayerischen Durchgangslager für Flüchtlinge.
Und seit dem 9. November, dem neuen Feiertag der Deutschen, rollt der Trabi auf Urlaubspfaden nun auch im Westen.
Alle, die Trabant fahren oder fuhren, wissen, daß dieses Auto ein noch zum Beginn der neunziger Jahre frisch vom Band laufendes Museumsstück ist, entsprechend bissig sind

die Kommentare und wehmütig die Blicke auf Wagen westlicher Produktion. Aber, bei aller Ironie, bei allem freundlichen Spott, ein wenig stolz sind die Trabantfahrer doch auf ihr Gefährt. Mit langjährigen Begleitern hat man schließlich viel erlebt, und lange Jahre soll jeder nach zehn- und mehrjähriger Wartezeit für viel Geld endlich erstandene Trabant schon halten, denn es gibt so schnell keinen neuen Begleiter.
Dabei war der Name ganz anders gemeint. Er stammt aus einem Wettbewerb, den das Herstellerwerk des VEB Sachsenring in Zwickau für den neuen Kleinwagen P 50 ausgeschrieben hatte. Trabant war eigentlich als Ode an den technischen Fortschritt in der seinerzeit noch sehr brüderlichen Sowjet-Union gedacht. Die hatte nämlich den Sputnik gezündet und die westliche Welt damit blamiert. Der Trabant, ein Erdtrabant, sollte daran erinnern. Ironie des Schicksals: Ausgerechnet dieses Auto, das einige Jahre später der Inbegriff technischer Rückständigkeit im Automobilbau der Welt werden sollte, erhielt seinen Namen zur Verbreitung der Kunde von der Überlegenheit des Sozialismus auf technischem Gebiet. Symbolträchtig terminiert wurde der Beginn der Nullserie: Der erste von 50 Wagen lief am 7.11. 1957 vom frischen Band, dem 40. Jahrestag der Oktoberrevolution zu Ehren. Der ursprüngliche Anlaß der Namengebung spielte bald keine Rolle mehr, Trabant, das paßte sehr gut auch ohne Sputnik. Das scheppernde Geräusch des Zweitaktmotors gab und gibt den Insassen immer genau Bescheid, wieviel Arbeit es war und ist, die ganze Ladung zuverlässig ans Ziel zu bringen. Laut, aber klaglos verrichtet der Trabi seinen Dienst. Jeder in der westlichen Autowelt, der einmal Volkswagen Käfer gefahren ist, versteht das. Er weiß nämlich, wie es klingt und sich anfühlt, wenn das strapazierte Auto am Berg die Kräfte verlassen und man schnell zurückschalten muß. Ganz ähnlich wie einst im heulenden Käfer klingt es heute noch im Trabant, nur viel lauter.
Noch eine Parallele zum Käfer: Jahr für Jahr wurde der Trabant Stückchen für Stückchen weiterentwickelt, auch dann noch, als das Konzept längst ausgeschöpft war und ein Nachfolger hätte kommen müssen. Und wie beim Käfer löste jede kleine Verbesserung Freude aus. Ungleich sind allerdings die Verkaufsbedingungen gewesen, denn der Käfer mußte sich auf einem freien Markt durchsetzen, der Trabant gewann seine Stellung im Reservat des gegen importierte Konsumgüter weitgehend abgeschotteten sozialistischen Wirtschaftsraumes. Der Westexport hat nie eine große Rolle gespielt in Zwickau. Es sollte ja auch ein Volkswagen für die DDR werden. Anders als beim Wartburg, der lange Jahre in größeren Zahlen auch in den Westen exportiert wurde, blieb der Trabant vorrangig im Lande. Nur sozialistische Nachbarstaaten wie die Tschechoslowakei, Polen und Ungarn nahmen ihn in größerer Zahl ab. Auch dort wurde er, bei dem eingeschränktem Pkw-Angebot, vor allem wegen seiner Strapazierfähigkeit geschätzt. Der ungarische Automobilclub setzte den Universal Anfang der siebziger Jahre sogar als Verkehrswachtfahrzeug ein.
Insbesondere war es die Preisgestaltung, die ihn zum meistgefahrenen Auto in der DDR machte (mehr als die Hälfte aller in der DDR zugelassenen Autos sind Trabant): Mit zehn bis zwölftausend Mark (Stand: 1989) halb so teuer wie der Zweitakt-Wartburg, ein Drittel des Preises für den 1988 vorgestellten Viertakt-Wartburg, da blieb und bleibt der Trabant mit Zweitaktmotor für sehr viele DDR-Bürger die einzig bezahlbare Autoanschaffung, vor allem, wenn man die nominell niedrigen Löhne einrechnet.
Ein echtes Auto des Volkes ist er von seiner Servicefreundlichkeit her. In einem Land mit miserablem Kundendienst ist dies von größter Wichtigkeit. Der Trabant gibt dem geübten Besitzer in dieser Beziehung keine Rätsel auf.

Die Tradition, aus der der Trabi kam, stand wahrlich nicht für Rückständigkeit: Audi und Horch, beide in Zwickau beheimatet, wurden für den neuen Kleinwagen zum Volkseigenen Betrieb (VEB) Sachsenring Zwickau zusammengefaßt. Die Maschine kam aus dem VEB Motorenwerk Karl-Marx-Stadt, dem Standort der früheren DKW-Werke, zu deren Zeiten noch Chemnitz genannt.

Für einen Kleinwagen der späten fünfziger Jahre gab der P 50 ein gutes Bild ab. Die Karosserie in klassischer Pontonform wirkte harmonisch, in den Proportionen weit besser als etwa der hochbeinige Lloyd 600 zur selben Zeit in der Bundesrepublik. Frontantrieb haben Autos aus Zwickau wie von selbst. Wenigstens den Schritt von Heckmotor und Heckantrieb nach vorn brauchten die Sachsenring-Ingenieure in Zeiten späterer Rückständigkeit nicht zu vollziehen. Autos aus Zwickau hatten damals ebenfalls „von selbst" einen Zweitaktmotor, andere schwörten ebenfalls noch auf ihn. Auch DKW in Düsseldorf sah noch kein Ende dieser Antriebsart heraufdämmern, Saab in Schweden pflegte sie, Zündapp ließ seinen genialen, aber glücklosen Janus damit laufen, und andere Kleinwagenhersteller — allerdings wie Zündapp schon auf absteigendem Ast — hatten keine Alternative. Die Vorzüge des Zweitaktmotors hatten noch Gewicht: gegenüber dem Viertaktmotor einfache Bauart (statt Ventile nur Schlitze), geringe Masse (weniger bewegliche Teile), kleines Bauvolumen, leichte Wartung und Reparatur, niedrige Ansprüche an die Kraftstoffqualität und gute Leistungsausbeute. Bekanntlich wird im Zweitaktmotor bei jeder Umdrehung der Kurbelwelle gezündet, während der Viertaktmotor pro Zündung zwei Umdrehungen braucht. Dieses technische Charakteristikum hat dem Motor in einem anderen Bereich bis in die neunziger Jahre zur Spitzenstellung verholfen: Rennmotorräder laufen fast alle im Zweitakt. In Australien und in den USA forscht man an ganz neuen, hochmodernen Zweitaktmotoren.

Geradezu revolutionär war seinerzeit die Herstellungsweise der Karosserie des P 50. Stahlmangel — genauer gesagt Bezugsschwierigkeiten mitten im kalten Krieg — hatte die Verantwortlichen in der DDR darauf gebracht, mit Duroplast ein anderes Material zu

So fing alles an: Der P 50 mit modischer Chromleiste und in origineller Dreifarblackierung

verwenden; schließlich hatte der unförmige P 70 die Durchführbarkeit eines solchen Projektes bewiesen, als der P 50 anlief. Neben Stahleinsparung bringt Duroplast Gewichtsminderung, zumindest beim Karosseriematerial, Geräuschdämmung und Isolierung. Die Herstellung ist aber aufwendig und hat wohl deshalb in der Großserie keine Nachahmer gefunden. Seinerzeit, 1958, wurde die Neuerung aus Zwickau international stark beachtet (siehe dazu gesondertes Kapitel). Ausreichend Platz für vier hatte der Trabant auch, die Ausstattung entsprach den Ansprüchen der Zeit, die Motorleistung war ausreichend.

Nach dem 500 kam der 600, dann der 601 mit der heute noch gültigen Karosserieform. Dieser Wagen markiert die Wendemarke vom konkurrenzfähigen europäischen Kleinwagen zum hoffnungslos veralteten Auto aus dem Ostblock. Hätte es 1964, als auf dem freien Markt im Westen für die Autos von DKW sich das Ende ankündigte, eine Weichenstellung zu einem modernen Viertakter gegeben, dem zu diesem Zeitpunkt vorgestellten Trabant 601 wäre später viel Spott erspart geblieben. Aber es sollte nicht sein. Nicht, daß die Ingenieure aus dem Erbe von Horch und Audi keinen neuen Anfang hätten machen können. Es gibt Prototypen, die die Leistungsfähigkeit der Entwicklungsabteilung in Zwickau beweisen. Der Grund ist der Stellenwert der Automobilindustrie in der DDR. Sie hat keinen Vorrang, Investitionen blieben sehr begrenzt und das, obwohl die DDR gerade die überteuerten Autos braucht, um mit dem Gewinn aus solchen Konsumgütern Sozialleistungen, wie extrem niedrige Mieten, kostenlose Erziehungseinrichtungen und billigen öffentlichen Personennahverkehr, zu finanzieren. Spätestens Ende der sechziger Jahre war der Trabant ein Auto von gestern, notdürftig nachgebessert, zum Beispiel mit der Einführung von Schraubenfedern im Jahre 1986. Schließlich half wie beim Wartburg nur noch die Westlizenz über einen Viertaktmotor weiter. Der Abstand

Das kleine Nutzfahrzeug: Trabant 600 Kombi

zum internationalen Standard der Automobilindustrie war so groß geworden, daß Mitte der achtziger Jahre die eigenen Entwicklungskapazitäten die Lücke nicht mehr schließen konnten. Der aktuelle 601-Verkaufsprospekt stellt fest: „Trabant, ein Fahrzeug, das allen Ansprüchen gerecht wird, zuverlässig, robust, wendig, wartungsarm". Die vier zuletzt genannten Attribute versprechen nicht zu viel, lenken aber ab vom technischen Stand dieses Wagens.

Der Neue: Mit diesem Foto wurde der Trabant 601 bekannt gemacht

Von Anfang an stand der Trabant im Zeichen unzureichender Produktionsmöglichkeiten. Zur Gründung der Deutschen Demokratischen Republik befand sich auf ihrem Ge-

TG 86-42

biet ein durchaus stattlicher Teil der Automobilindustrie des früheren Deutschen Reiches, wenn auch der weitaus größere Prozentsatz zur Bundesrepublik Deutschland gehörte. Immerhin, das berühmte sächsische Zentrum des Industriezweiges mit den Audi- und Horchwerken in Zwickau und DKW in Chemnitz stand für die Pkw-Produktion zur Verfügung, außerdem das BMW-Werk in Eisenach. Auf diesen beiden Fundamenten baute sich die Automobilindustrie auch auf, ebenso verhielt es sich bei den Nutzfahrzeugen, wo Phänomen in Zittau, Framo in Hainichen und das Schlepperwerk Nordhausen den Anfang machten. Hier kamen später mit den Standorten Ludwigsfelde (Lastwagen IFA W 50 und L 60) und Waltershausen (IFA Multicar) zwei neu errichtete Produktionsstätten hinzu.

Was der DDR die meisten Sorgen machte, war die dünne Struktur der Zulieferindustrie. Nicht nur, daß ein großer Teil solcher Betriebe im westlichen Teil Deutschlands zu finden war, manch ein Betriebsinhaber ging im Zuge der Verstaatlichungspolitik in Richtung Westen verloren, errichtete das Werk in der Bundesrepublik neu und nahm Kapital und Personal und damit alles Know-how mit. Materialknappheit kannte man in den späten vierziger und frühen fünfziger Jahren auch in der Bundesrepublik, für die DDR kamen aber noch herbe Folgen des kalten Krieges hinzu. Der Ost-West-Handel lief auf Sparflamme, beide Lager erprobten ihre psychologischen Kräfte und machten dem jeweils anderen das Leben schwer. Das gelang dem Westen auf Grund seiner größeren wirtschaftlichen Potenz vermutlich besser.

Wie auch immer, die DDR hatte Mühe, die Vorkriegsfahrzeuge wieder auf Band zu legen. In Eisenach ging dies noch relativ flott, weil hier die sowjetische Besatzungsmacht das Sagen hatte (bis 1952) und Material für die EMW-Wagen besorgte, in Chemnitz und Zwickau gab es dagegen Verzögerungen. Aus Chemnitz kam 1948 der DKW F8, zwei

Spitzenprodukt der DDR-Autoindustrie: Der Wartburg 311/312, hier die Ausführung des 312 von 1962, ist inzwischen auf dem besten Wege, ein Klassiker zu werden

Jahre später folgte der F9, der noch vor dem Krieg entwickelte F-8-Nachfolger von DKW mit Dreizylindermotor. Er wurde in Zwickau produziert. Dies geschah alles in geringen Stückzahlen. 1953 verlagerte man den F 9 nach Eisenach, wo das BMW-Erbe EMW inzwischen allmählich verbraucht war. Schließlich führte dort der Wartburg 311 von 1956 die DKW-Tradition weiter, seinerzeit ein außerordentlich gelungenes und auch international anerkanntes Fahrzeug. Zur Palette der DDR-Autos gehörte außerdem als letzter Gruß der Horch-Tradition der Pkw Sachsenring, ein Sechszylinder, der, nur in kleinen Stückzahlen gebaut, keine Bedeutung erlangte.

Mit dem Trabant wurde eine völlig neue Linie in der Fahrzeugproduktion der DDR aufgelegt. Die war 1952 im Industrieverband Fahrzeugbau IFA zusammengefaßt worden. Ein IFA-Kleinwagen für das Volk, so war er versprochen, und so wurde er auch vorge-

Zum Fehlschlag wurde der Sechszylinder als Erbe des Hauses Horch. Hier ein Pressefoto der Ausführung von 1958

stellt. Das kurze Zwischenspiel des P 70 als Versuchsträger für die Serienfertigung der Duroplastkarosserie blieb stückzahlenmäßig von geringer Bedeutung (rund 38 000). Die Freude, mit der die Fachzeitschriften der DDR den Kleinwagen aus eigener Produktion begrüßten, war sicherlich ehrlich, ebenso die positive Stimmung beim Publikum. Immer wieder wird in frühen Veröffentlichungen versprochen, daß in absehbarer Zeit der Bedarf gedeckt werden kann. Gelungen ist es nie. Woran mag es gelegen haben? Einer der Hauptgründe liegt in der Herstellungsmethode der Karosserie. Die gepreßten Teile müssen so lange in der Form bleiben, bis sie ihre Stabilität erreicht haben. Das nimmt eine Zeit in Anspruch, in der bei der Stahlverarbeitung mehrere Takte gelaufen sind. Man spricht von maximal 20 Minuten. Und keine Automobilfabrik kann es sich leisten, eine große Anzahl von teuren Pressen aufzustellen, nur weil diese systembedingt langsam arbeiten.

Auch der Rhythmus der Weiterentwicklungen zeigt, wie wenig das Werk aus dem vollen schöpfen konnte und wie sich diese Situation von Jahr zu Jahr verschlimmerte. Von Anfang an lähmte die Entwickler der Zwang zum Sparen. Aus der frühen Entwurfsphase stammt ein Prototyp, dessen von den Kalkulatoren gefeierte Eigenschaft es unter ande-

rem war, daß die Frontscheibe exakt der Heckscheibe entsprach. So sah er auch aus.... In einer denkwürdigen Besprechung im Institut für Kraftfahrzeugbau an der Technischen Universität Dresden versuchten erfahrene Spezialisten verschiedener Fachrichtungen, einem mehr von der Partei als vom Sachverstand beseelten Emissär des Werkes diese Idee auszureden, was schließlich auch gelang. Das tatsächliche Produkt hatte kaum noch etwas gemein mit der ersten Idee. Dieser dann der Öffentlichkeit vorgestellte P 50 war mit Maschine, Fahrwerk und Karosserieform konkurrenzfähig (dank des Frontantriebes in diesem Punkt sogar fortschrittlich). Der letzte Schritt auf der Höhe der Zeit war die Einführung des vollsynchronisierten Getriebes im Jahre 1962, danach hinkte man nur noch der allgemeinen Entwicklung hinterher. Je drei PS mehr 1963 und 1969, Duplexbremsen 1967, Verbesserungen am Zweitaktmotor (günstigeres Mischungsverhältnis) 1974, Zweikreisbremssystem 1980, 12-Voltanlage und Drehstromlichtmaschine 1984, Schraubenfedern hinten 1986. Und 1990 schließlich endlich eine Alternative zum Zweitaktmotor, erreicht mit von draußen gekaufter Technik. Alles waren Weiterentwicklungen, die beispielsweise in den Kleinwagen von Honda oder Fiat längst verwirklicht waren oder gar nicht erst anstanden. Auch der Wechsel vom 600 auf den 601 war bereits vom Zwang des Sparens geprägt. Die Grundmaße des Autos mußten erhalten bleiben, obwohl ein größerer Wagen der richtige Schritt für das Jahr 1964 gewesen wäre. Die Entwicklungsabteilung in Zwickau machte dennoch das Beste daraus und verlieh dem 601 ein eigenständiges Aussehen. Er erschien größer als der Vorgänger, in stärkerem Maße, als es wirklich der Fall war.
Zum Zwickauer Museumsbestand (die Eröffnung dieser Einrichtung ist für 1990 geplant) gehört der Prototyp P 100 aus den frühen 60er Jahren. Es handelt sich dabei um einen möglichen Nachfolger des Wartburg 311/312, im Stil der späteren Audi 60 bis 90, der dann aber nicht in Serie ging. Statt seiner kam der Wartburg 353. Offenbar war der VEB Sachsenring in die Entwicklungsarbeiten eingebunden. Um 1967 tauchten in Zwickau Trabanten mit Wankelmotor auf. Kenner der Szene erkannten sie am Auspuff auf der rechten Seite und natürlich am Geräusch. Es handelte sich um Einscheibenwankelmotoren, bei Sachsenring wie anderswo hatte man jedoch erhebliche Probleme mit den Dichtleisten des Motors. Es gab aber auch andere Projekte. Ende der sechziger Jahre tauchte in Zwickau ein Trabant mit Skoda-Maschine auf. Sie war vorn quer eingebaut. Um 1970 war davon die Rede, Trabant und die tschechoslowakische Marke Skoda würden gemeinsam ein Auto entwickeln. Verhandlungen darüber waren in der Tat schon weit gediehen, Zeichnungen eines solchen Wagens — wenn auch sehr spekulativ und ohne konkreten Bezug zu einem tatsächlich gesichteten Fahrzeug — tauchten in Westzeitschriften auf. 1972 wurde das Projekt abgeblasen, die Gründe wurden nie bekannt. Beide Firmen machten seinerzeit mit ihren veralteten Fahrzeugprogrammen weiter. Ein grundlegend neuer Skoda erschien mit dem Favorit erst 1987.
Ende der siebziger Jahre kam sowohl dem Erlkönigjäger Hans-Georg Lehmann wie der ungarischen Zeitschrift „auto motor" ein Kleinwagen mit dem S im Kühlergrill vor die Linse, der vom Äußeren her an den Fiat 127, den Citroen Visa und an japanische Kleinwagen erinnerte. Auch dieses Auto wurde in Zwickau gesichtet. Genaue Daten sind nicht bekannt, aus dem Projekt wurde nichts.

Es blieb beim alten Zweitakt-Trabi, erst 1990 ergänzt durch die äußerlich fast gleiche Viertaktversion. Mit ihr ist endlich eine unerschöpfliche Quelle von Ärger und Mißkredit zumindest außerhalb der DDR versiegt: die Umweltverträglichkeit des Zweitaktmotors. Unverbrannte Kohlenwasserstoffe — verantwortlich für die blaue Rauchfahne — und

Kohlenmonoxid werden im Unmaß in die Umwelt geblasen. Die Arbeitsweise des Zweitakters bringt es mit sich, daß das Öl zur Motorschmierung dem Benzin beigemischt werden muß und dann unterschiedlich stark verbrannt wird. Außerdem gelangt bei nicht mit moderner Getrenntschmierung arbeitenden Motoren ein Teil des Gemischs unverbrannt nach draußen, auch eine Quelle des hohen Verbrauchs von Zweitaktern. Nach einer Messung des Rheinisch-Westfälischen TÜV im Auftrag der bundesdeutschen Zeitschrift „Auto Bild“ an einem ein Jahr alten Trabant 601 S im Jahre 1989 ergaben sich folgende Werte: 105,6 Gramm Kohlenmonoxid pro Test (50 Prozent über dem Grenzwert für nichtschadstoffarme Viertakter), Kohlenwasserstoff und Stickoxide zu-

Nicht nur für Trabanten, aber ganz besonders für sie gilt das Schild an einem Bahnübergang in der Bundesrepublik. Dieser Trabi kam im Sog der Fluchtwelle in den Westen

sammen 68,3 Gramm. Die Stickoxide spielen dabei fast keine Rolle (0,48 Gramm) und betragen nur ein Zehntel des Viertaktwertes. Das liegt an der besseren Verbrennung des Zweitaktmotors, seiner guten Leistungsausbeute. Der Trabant-Meßwert für Kohlenwasserstoffe (67,804 Gramm) ist doppelt so hoch wie die Grenze nach der Euronorm, gültig im Jahre 1989. Beim Kohlenmonoxid gehen Zweitaktspezialisten in der DDR davon aus, daß durch verbesserte Vergaser die Belastung der von Viertaktmotoren angeglichen werden kann (so die in der DDR erscheinende Zeitschrift „Kraftfahrzeugtechnik“

in Heft 8/89). Beim von „Auto Bild" gemessenen 601 S war davon offensichtlich nichts zu bemerken. Für viele Länder — nicht nur in der westlichen Welt, zum Beispiel auch für die CSSR, für Ungarn und Jugoslawien — kommt aus Umweltgründen der Import von Zweitaktfahrzeugen nicht in Frage. Die rund 4000 Trabis aus der Flüchtlingswelle in die Bundesrepublik im Sommer 1989 erhielten eine globale Sondergenehmigung des Bundesinnenministeriums, von den Grenzwerten der bundesdeutschen Zulassungsbestimmungen (für Neuwagen) sind die Meßergebnisse des Trabant nämlich weit entfernt. Wenn schon veraltet, dann wenigstens ausgereift und in ausreichender Stückzahl vorhanden, das könnte man meinen angesichts dieser Situation. Ausgereift ist der Trabant in den achtziger Jahren im Rahmen seines technischen Konzeptes bestimmt, die Stückzahlen sind aber nie über 150 000 pro Jahr hinausgegangen. Für einen Kleinwagen sicher keine Massenproduktion (siehe dazu gesonderte Zahlenaufstellung). Vor allem eine durch die sozialistischen Wirtschaftsbedingungen komplizierte Zusammenarbeit mit den Zulieferern verhinderte höhere Zahlen. Jede kleine Neuerung war und ist ein Kraftakt für das Werk. Das kann man, oft zwischen den Zeilen, den Berichten der Autozeitschriften in der DDR entnehmen.

Trotz der engen Rahmenbedingungen wurde eine dritte Karosserievariante eingeführt. Neben der Limousine und dem Kombi ist seit 1967 der Kübelwagen im Programm. Für den Interessenten in der DDR blieb er von Anfang an ein fast unerreichbarer Traum (allzu viele werden von ihm allerdings nicht geträumt haben, denn an pure Freizeitfahrzeuge denkt der Autointeressent in der DDR zuletzt). Ursprünglich ausschließlich als Armeefahrzeug und Dienstwagen für die Land- und Forstwirtschaft eingesetzt, ist der in der Zivilversion Tramp genannte Wagen später auch exportiert worden. In der DDR ist der Tramp nur gebraucht und extrem abgenutzt und selbst dann nur mit großen Schwierigkeiten zu bekommen. Staatliche Handelszentralen geben ausgemusterte Kübel ab, die aber immer ein Fall für Bastler sind.

Als nächsten Kraftakt hat das Werk die Umstellung auf den Viertaktmotor zu bewältigen. In der DDR fragen sich die Autofreunde auf den langen Wartelisten, für wie lange dies die Entwicklung einer neuen Karosserie blockieren wird. Populär ist die Methode der schrittweisen Einführung eines neuen Autos jedenfalls nicht. Ob es stimmt, daß der Viertakt-Trabant deshalb nicht auf der Leipziger Herbstmesse 1989 gezeigt wurde, weil man Kritik seitens der „Kundschaft" befürchtete, wie der bundesdeutsche „Spiegel" vermutete? Glaubt man den, in der DDR zu diesem Thema immer sehr zahlreichen Gerüchten, kommt der wirklich neue Trabant Mitte der neunziger Jahre, und zwar in Gestalt des Volkswagen Polo von 1981.

TECHNIK: SCHRITT FÜR SCHRITTCHEN

Messepremiere für den P 50

Mit dem Trabant kam im August des Jahres 1958 ein Kleinwagen auf den Markt, der den Anforderungen der Zeit entsprach: in den Abmessungen kein Rollermobil, sondern ein richtiges Auto, Platz für vier Personen und Gepäck, robuste, anspruchslose Technik und eine Karosserie, wie sie damals gefiel. Pontonform, runde Linien, nach vorn abfallende Motorhaube und dadurch freistehende Frontscheinwerfer sowie Rückleuchten, die in Fortsetzung der Gürtellinie ganz bescheiden die stilistische Funktion einer Heckflosse übernehmen, kennzeichneten den ersten Trabant, den P 50. Die Karosserie ergab den relativ günstigen Luftwiderstandsbeiwert von 0,55 bis 0,60 (cw). Auf die Mode der Panoramascheibe verzichtete man in Zwickau, optisch scharfe Kanten wie zu dieser Zeit in der Bundesrepublik beim DKW Junior, Lloyd Arabella oder BMW 700, vollzog man nicht nach, sondern blieb bei der einfachen Pontonform. Deren Proportionen stimmten.

Westkonkurrenz: Prinz mit Heckmotor ....

Zu jener Zeit verfügte ein Gutteil der internationalen Konkurrenz noch über Heckmotor und Heckantrieb: Fiat 500 und 600, NSU Prinz I — III, BMW 600, Goggomobil 400, der Renault 4CV. Der Trabant kam gleich mit Frontmotor und Frontantrieb und er kam mit quer eingebautem Motor, alles Voraussetzungen für günstige Platzverhältnisse. 18 PS waren bei einem Fahrzeuggewicht von 620 Kilogramm unterer Durchschnitt, NSU Prinz und BMW 600 zum Beispiel lagen bei 20 PS. Die Höchstgeschwindigkeit des P 50 lag bei 90 km/h. Daß die Sachsen ihren Neuen mit Zweitaktmotor präsentierten, entsprach nicht nur der Tradition des Hauses DKW, sondern war auch sonst keineswegs eine Überraschung. DKW, Saab, Zündapp und Glas im kleinen Goggomobil verwendeten den Zweitaktmotor neben Kleinserienherstellern ebenfalls noch.

.... Zündapp Janus mit ganz neuen Raumideen

Der Motor war eine Neuentwicklung. Das Zwischenmodell P 70 hatte noch die vom DKW F 8 (später IFA F 8) übernommene 684 ccm-Maschine mit Umkehrspülung und Wasserkühlung, der P 50 kam nun mit einem luftgekühlten Aggregat mit 500 ccm Zylinderinhalt und einfachem Spülverfahren. Für die Einlaßsteuerung wurden aber Drehschieber verwendet. Die auf der Kurbelwelle befindlichen Drehschieber geben bei bestimmten Drehwinkeln der Kurbelwelle während der Aufwärtsbewegung der Kolben die

Rechts

Zweitakter aus der Bundesrepublik: DKW Junior von 1959

Einlaßkanäle frei und verschließen diese bei der Abwärtsbewegung des Kolbens wieder. Das ebenfalls neu entwickelte Getriebe verfügte nun über vier Gänge statt drei im P 70. Auf die besondere Karosseriebauweise des Wagens wird an anderer Stelle eingegangen. Auch das Fahrwerk des P 50 war in seiner technischen Auslegung auf der Höhe seiner Zeit.

Links

Der Lloyd Alexander TS (1958) stand im direkten Vergleich zum Trabant

Rechts

Sportlichkeit im Zweitakt: Der Auto Union 1000 Sp Roadster erschien 1961

Die Vorderräder wurden an der als Plattformrahmen ausgebildeten Bodengruppe durch untere Querlenker geführt, abgestützt von einer oberen Querblattfeder. Die Hinterräder liefen an einer Pendelachse mit Dreieckslenkern und einer Querfeder. Motor, Kupplung, Getriebe, Gelenkwellen, Räder und Federung waren auf einem Hilfsrahmen (Fahrschemel) gelagert, der mit wenigen Handgriffen vom Fahrzeug gelöst werden konnte.

Der Trabant kam also als vollwertiger Kleinwagen, nicht als Behelfsmobil. Kleinwagenmäßig, nicht mehr und nicht weniger, war denn auch die Ausstattung. Ein Rundinstrument, ein Lenkradhebel für Blinklicht und Hupe, zwei Zugschalter für Licht und Scheibenwischer, zwei Bowdenzüge für Heizung und Defrosteranlage, Innentaschen in den Türen, das war die Ausstattung, angereichert mit der guten Idee eines Druckknopfes zur Entriegelung der Kofferraumklappe im rechten Türrahmen. Außerdem hatte das Armaturenbrett Blenden für Radio und Lautsprecher sowie Handschuhfach und Aschenbecher.

Trabant-Antriebseinheit zum Durchschauen

Nach und nach flossen in die Serie verschiedene Farbvarianten ein. Die Trabant P 50 in zwei oder gar drei Farben erhielten dazu eine gezackte Chromleiste über die ganze Wagenlänge nach dem Vorbild des Opel Rekord von 1958. Das war stilistisch ein Mißgriff, denn die „wilde“ Linie passte nicht zu den ausgewogenen Proportionen des Wagens. In der Weiterentwicklung wurde folgerichtig darauf verzichtet.

1960

Im März 1960, 21 Monate nach Produktionsbeginn, schob das Werk die erste Neuerung nach. Der Motor des intern P 50/2 genannten Wagens hatte zwei PS mehr, drehte etwas höher und war etwas höher verdichtet. Die Höchstgeschwindigkeit stieg von 90 auf 95 Kilometer in der Stunde, der Motor schwang sich jetzt zu 3900 Umdrehungen in der Minute auf. Bedeutender war jedoch die Präsentation des Kombi, stilistisch wiederum gelungen. Er war mit 660 Kilogramm um 40 kg schwerer als die Limousine und somit vermutlich der Anlaß für die bescheidene Mehrleistung des Motors. Bei umgeklappter Bank hatte der Kombi ein respektables Ladevolumen, zwei Personen konnten 220 Kilogramm Gepäck auf 1,3 Kubikmeter Raum verstauen. Die Hecktür öffnete sich allerdings noch zur Seite und nicht nach oben. Während der Kombi von Anfang an in der auch anderswo üblichen Zweifarbaufteilung mit farblich abgesetztem Dach erschien, gab es die Limousinen noch eine Weile in der oben beschriebenen, abenteuerlichen Mehrfarblackierung. Bald verschwand sie auch hier. Die neue Variante stand dem Wagen wesentlich besser, ein breiter, farblich abgesetzter Längsstreifen sowie Motorhaube, Kofferraumdeckel und die Stoßstangen erhielten dieselbe (oder sogar eine dritte) Farbe.

1961

Diese neue Variante wurde endgültig im Frühjahr 1961 eingeführt. Außerdem bekam der Wagen dem Körper besser angepaßte Sitze, die nicht nur bequemer waren, sondern den hinten Sitzenden auch etwas mehr Platz einräumten. Weiterentwickelt wurden Heizung und Defrosteranlage. Bessere Auspolsterung der Seitenwände und neues Polstermaterial machten das kleine Auto gemütlicher. Das umgestaltete Armaturenbrett war blendfrei, Tachometer und Drucktasten lagen in je einer Vertiefung, das Handschuhfach sprang mit seiner voluminösen Verkleidung aus dieser Linie hervor.
Überraschend präsentierte Sachsenring auf der Leipziger Frühjahrsmesse eine neue Variante des Trabant, den Lieferwagen. Er hatte die Flächen der hinteren Seitenscheiben mit Blech geschlossen und bot ohne die hintere Sitzbank mehr Ladefläche. Nach der Messe verschwand der Lieferwagen wieder in der Versenkung.

1962

Die Neuerungen des Jahres 1962 waren in erster Linie technischer Natur mit dem vollsynchronisierten Getriebe als wichtigstem Punkt. Neue Scharniergelenkwellen machten den Frontantrieb robuster und verschleißfester, eine weichere Motorlagerung reduzierte das laute Außengeräusch. Fürs Auge gab es innen und außen neue Farben.

1963

Die letzte Stufe des einstigen P 50: als 600, intern P 60 genannt, hatte der Trabant mit der vergrößerten Maschine jetzt 23 PS, drehte bis 4000 Umdrehungen in der Minute und erreichte als Höchstgeschwindigkeit die 100 km/h-Marke. Das maximale Drehmoment wuchs auf 5,2 kpm. Äußerlich kennzeichnen diese Reihe weitere Farbvarianten und eine Sonderversion des Kombi mit Schiebedach und Liegesitzen.

Großzügig gestaltet, aber nicht mehr so praktisch wie beim Vorgänger: Heckpartie des 601 mit hoch angesetzter Kofferraumklappe

1964

Ohne große Investitionen das vorhandene Konzept zu verbessern war die schwierige Aufgabe bei der Entwicklung des Trabant 601. Im Prinzip mußte nämlich alles so bleiben, wie es war, die Bodengruppe mit ihren Radeinbauten einschließlich der Stirnwandpartie. Die Anlagen der Karosserieherstellung sollten möglichst weiterverwendet werden können. Dennoch erhielt der 601 ein optisch völlig verändertes Aussehen. Die nach hinten verlängerte Dachlinie mit ihrem kantigen Abschluß, die vergrößerte Heckscheibe, die neu gestaltete Kofferraumklappe und die geänderten hinteren Kotflügel gaben dem Trabant die Konturen eines größeren Wagens. Inzwischen waren die eher rundlichen Linien der klassischen Pontonform aus der Mode gekommen, Trapezlinie hieß das Schlagwort aktuellen Designs, dem der nun eckig gewordene Trabant auch entsprach. Die Kotflügel vorn waren unverändert übernommen, was die breiteren Blinklichter geschickt verbargen. Die Motorhaube reichte jetzt nicht mehr servicefreundlich bis zur Stoßstange — sondern endete in Höhe der Scheinwerfer. Dafür erhielt der Wagen durch die senkrecht stehende Kühlerattrappe ein neues Gesicht. Die Kühlerattrappe war übrigens von Anfang an abnehmbar, an den Mechaniker (und Bastler) hatte man also gedacht. Erheblich gewachsen, obwohl beim alten Trabant schon nicht klein, war der Kofferraum. Mit 420 Litern hatte er nun zwölf Prozent mehr Fassungsvermögen. Das zulässige Gesamtgewicht kletterte beim 601 um 50 Kilogramm auf genau 1000 kg, die

Nutzlast von 330 kg auf 385 Kilogramm. Neue Türen mit größeren Fenstern vermittelten zusätzlich den Eindruck eines geräumigeren Autos. Etwas größer war es in der Tat. Radstand und Spurweiten, wie gesagt, blieben unverändert, in der Länge wuchs er jedoch um 196 Millimeter, die Breite um elf. Die Höhe verringerte sich dagegen um 28 Millimeter.

Mehr Kopffreiheit für die Fondpassagiere war ein Vorteil der neuen Karosserie, die nun hohe Ladekante des Kofferraums ein Nachteil. Der alte Trabant hatte sich wie ein Kombi beladen lassen.

Der 601 startete auch mit verbesserter Innenausstattung. Unter anderem spendierte ihm das Werk einen Dachhimmel und eine Scheibenwaschanlage. Technisch blieb der Wagen gegenüber dem Vorgänger unverändert.

Trabant 610 Universal mit dem obligatorischen Gepäckträger auf dem Dach. Mit diesem Wagen kam eine Familie aus Ost-Berlin in den Westen

1965

Noch bevor der Kombi in der alten Karosserieform dem 601 angepasst wurde, kam im Frühjahr 1965 eine andere Variante auf den Markt: der Trabant mit Hycomat, einer automatischen Kupplung. Der Hycomat arbeitet nach dem elektrohydraulischen Prinzip. Beim Anfahren wird mit zunehmender Drehzahl in einem Ölkreislauf Druck erzeugt, der die Federspannung der Ausrückfeder überwindet, die Kupplung beginnt zu fassen. Beim Gangwechsel löst der Schalthebel einen Kontakt aus, der den Ölkreislauf unterbricht. Der Hycomat-Trabant hatte einen kleinen Fußhebel als Parksperre.

Der jetzt Universal genannte Kombi in neuer Karosserieform folgte im August 1965. Die Heckklappe ließ sich jetzt nach oben öffnen, der Raumgewinn des 601 kam natürlich dem Mehrzweckwagen besonders zu Gute. Das Gepäckvolumen betrug jetzt bei umgeklappter Rückbank 1400 Liter. Stilistisch auffallendes Merkmal des Universal: die langgezogenen hinteren Seitenscheiben.

1966

Als erste Erweiterung der neuen Reihe folgten die Ausführungen S und S de luxe. Den S zeichneten extraweiche Polsterung (Prospektangabe) aus, nochmals verbesserte Sitze, Zündanlaßlenkschloß, elektromagnetischer Abblendschalter und zur äußeren Unterscheidung ein neuer Frontgrill. Den Luxus beim S de luxe machten das farblich abgesetzte Dach, verchromte Stoßstangen und eine generell aufgewertete Innenausstattung aus, zum Beispiel zweifarbige Innenverkleidungen. Außerdem erhielt der Motorraum des S de luxe Beleuchtung.
Die lange Reihe der technischen Weiterentwicklungen des Trabant 601 in kleinen Schritten begann ebenfalls 1966 mit der Verwendung von wartungsfreien Spurstangengelenken, sie hielten länger als die bisherigen und boten bessere Auswechselbarkeit und Wiederverwertung abgenutzter Teile. Außerdem sparten sie vier Schmierstellen ein. Licht und Scheibenwischer wurden ab diesem Zeitpunkt über Drehschalter statt über die bisherigen Druckknöpfe bedient. Die Kofferraumhaube erhielt Scharniere zum Arretieren.

1967

Gedacht für den Freizeitspaß ausländischer Kunden: der Trabant Tramp. In der DDR war dieser Wagen nur für den Dienstgebrauch bestimmt

Jetzt war die Bremsanlage an der Reihe. Der Trabant erhielt für seine Trommelbremsen vorn Duplex-Backen, hinten blieb es bei der Simplex-Ausführung.
Im Oktober 1967 erschien als dritte Karosserievariante der Kübelwagen, später für den Export auch Tramp genannt. Tiefe Einschnitte anstatt Türen, dünne Rohre als Stoßstan-

gen, ein neu gestaltetes, steil abfallendes Heck mit einfachen Rundleuchten, Reserverad über der hinteren Stoßstange und ein einfaches Faltverdeck kennzeichneten diesen Wagen, der nur für den Dienstgebrauch bei Armee und Behörden sowie für den bescheidenen Export gedacht war, also nie in den Binnenhandel der DDR kam.

Etwas vereinfacht wurde und wird der Tramp an die Armee und an Behörden ausgeliefert. Hier rollt ein Exemplar für die Forstverwaltung

1969

Mit drei PS mehr, nämlich deren 26, hatte der Trabant schon 1969 seine (vermutliche) Endstufe in der Motorisierung als Zweitakter erreicht. Konstruktive Veränderungen an Zylindern, Kurbelwelle, Vergaser und Auspuff brachten die Mehrleistung bei unverändertem Hubraum und gleichgebliebener Verdichtung. Der Motor beschleunigte den Wagen jetzt besser und ging außerdem sparsamer mit dem Sprit um. Die Höchstgeschwindigkeit war um 5 auf 105 km/h angestiegen, die Beschleunigung von 0 auf 80 hatte sich von 24 auf 21 Sekunden verkürzt. Eine weitere Neuerung dieses Jahrgangs: Der Zündanlaßschalter wurde an die Lenksäule verlegt.

1970

Kleiner Innovationsschritt: Der Wagen erhielt eine Zwangsentlüftung, deren Schlitze in der C-Säule angebracht wurden.

1972

Länger ist die Liste für 1972: Endlich ist die Lenksäule vom Innenraum her verkleidet. Generell gibt es wieder einmal neues Material bei der Innenverkleidung. Die Scheibenwischer arbeiten jetzt auch mit Intervallschaltung, die Türverriegelung wurde verbessert. Was die Trabantfahrer aber viel mehr erfreut haben dürfte: Heizung und Frischluftzufuhr wurden von Grund auf erneuert und dem üblichen Standard angepaßt, der Tank wurde um zwei Liter auf 26 Liter Fassungsvermögen vergrößert und schließlich sollten eine vergrößerte Zündspule, neue Zündkerzen sowie eine geänderte Lichtmaschine die Lebensdauer der Batterie verlängern und das Kaltstartverhalten verbessern.

1974

Das von 1961 stammende Armaturenbrett hatte ausgedient. Das neue weist eine mit Kunstleder überzogene, als Blendschutz dienende Schaumauflage über die ganze Breite auf und, sehr praktisch, darunter eine ebenso weite Ablage. Auf technischem Gebiet fiel die Umstellung der Motors auf ein Mischungsverhältnis von 1:50 aus dem Rahmen. Nadelgelagerte Kolbenbolzen ermöglichten sie und sollten außerdem die Lebensdauer der Maschine erhöhen. Durch geänderte Antriebs-Übersetzung stiegen die Fahrleistungen leicht an, die Höchstgeschwindigkeit auf 108 Km/h, die Beschleunigung von 0 auf 80 verbesserte sich auf 20 Sekunden. Serienmäßig eingebaut war jetzt auch eine Warnblinkanlage.

1977

Die Verbesserungen des Jahres 1977 beschränkten sich im Wesentlichen auf ein neues Farbprogramm, besonders ins Auge stach dabei ein seltsamer Braunton. Für die S de luxe-Version des Universal wurde eine Fondablage lieferbar.

1980

Äußeres Kennzeichen dieses Modelljahrgangs sind die mit Gummiecken abgesetzten Stoßstangen. Sie bleiben das unverwechselbare Kennzeichen für neuere Trabanten. Zum S de luxe gehören nun außerdem Gummihörner auf der insgesamt auch neu profilierten Stoßstange, eine Nebelschlußleuchte und ein Rückfahrscheinwerfer. Außerdem erhielt der Wagen eine jetzt elektrische Scheibenwaschanlage samt Wisch-Wasch-Funktion. All das gehört wie auch die Zweiklangfanfare zum Elektropaket und beim S de luxe zur Serie.

Technisches Hauptmerkmal dieses Jahrgangs und generell von Bedeutung ist die Umstellung auf zwei Bremskreise. Die Bremsanlage des Trabant erhielt dazu einen neuen Hauptbremszylinder mit Zweikammervorratsbehälter.

1981

Auf der Leipziger Herbstmesse zeigt der VEB Sachsenring ein Versehrtenfahrzeug. Grundlage ist ein Universal mit Hycomat und zusätzlicher Handbedienung für Gas und

Trabant-Parkplatz mit einem neueren Modell im Vordergrund. Aufgenommen in Suhl

Bremse. Für Behinderte außerdem abgeändert wurde in diesem Sondermodell die Konstruktion des rechten Vordersitzes, der sich jetzt insgesamt nach vorn klappen lässt, während bei der Serienausführung nur die Lehne klappbar ist. Der Fahrersitz bietet drei Verstellmöglichkeiten in der Höhe. Ein Zusatzkissen außen am Beifahrersitz soll das Überwechseln vom Rollstuhl in den Wagen erleichtern. Die Rücksitzbank kann nach hinten geklappt werden, so daß zwischen ihr und den vorderen Sitzen Platz für einen zusammengeklappten Rollstuhl ist. Zum Versehrtenpaket gehören außerdem zusätzliche Haltegriffe über den Türen. Damit der Rollstuhlfahrer gefahrlos vom Bordstein aus einsteigen kann, erhielt die rechte Tür des Sondermodells ein Schloß.
Die Serienmodelle erhalten im selben Jahr neue Stoßdämpfer, die nicht nur besser ihre eigentliche Aufgabe erfüllen, sondern auch geräuschloser arbeiten als die bisherigen, und neue Türschlösser — die alten waren ebenfalls eine Lärmquelle. Die Ausstattung S de luxe bietet jetzt außer abermals erneuertem Polstermaterial ein elegantes und griffgünstiges Zweispeichenlenkrad.

1983

Einen Schritt nach vorn — wenn auch sehr spät — bedeutete die zur Herbstmesse eingeführte 12- Volt-Anlage. Gleichzeitig wurde die Gleichstromlichtmaschine durch eine Drehstromlichtmaschine ersetzt, neuer Anlasser und andere Batterie sind Konsequenzen dieser Umstellung. Alle zusätzlichen Energieverbraucher wie Nebellampen, Rückfahrscheinwerfer oder die ebenfalls (nur für S de luxe) neue heizbare Heckscheibe bekommen jetzt genügend Energie. Die Heizung erhielt einen neuen Geräuschdämpfer, Verbesserungen am Gebläse und bei den Felgen flossen in die Serie ein. S de luxe heißt nun auch Kopfstützen (eigentlich ohnehin die Voraussetzung für die Verwendung von Sicherheitsgurten), und der Universal hat zwei Gasfedern zur Abstützung der geöffneten Heckklappe.

1984

Die 12-Volt-Anlage ermöglicht jetzt die Verwendung von H4-Licht, der S de luxe erhält neue Nebelscheinwerfer. Hintere Ausstellfenster sind nun Bestandteil der besten Ausstattungsvariante. Alle Fahrzeuge haben eine Verbrauchsmomentananzeige, es leuchten dabei, je nach Fahrweise, die Farben grün, gelb und rot auf. Eine weitere Hilfe zum Benzinsparen: Beim Niedertreten des Gaspedals muß jetzt ein Druckpunkt überwunden werden, wenn verbrauchsgünstige Drehzahlbereiche verlassen werden. Im technischen Bereich finden neue Gleichlaufgelenkwellen Verwendung, ein Produkt des mit französischer Hilfe errichteten Gelenkwellenwerkes in Mosel. Sie verbessern die Straßenlage und vermeiden Querschwingungen und Vibrationen im Lenkrad. Zur Leipziger Herbstmesse kommen außerdem eine neue Kolbenringabdichtung, verbesserte Kupplung und ein neues, ECE-gerechtes Zündschloß mit Wiederholungssperre hinzu.

1986

Technische Nachrüstung für den Trabant: Sowohl die Schraubenfedern hinten wie die elektronische Batteriezündanlage holen ein wenig Rückstand auf, außerdem bekommt der Trabant neue Spurstangengelenke außen. Beim S de luxe gehört jetzt ein Glashubdach zur Serie, für alle Fahrzeuge werden verbesserte Türdichtprofile angekündigt.

1987

Neue Batterie, neue Scheibenwischer und Mehrschichtsicherheitsglas für die Frontscheibe sind die kleinen Schritte dieses Jahres.

1990

Der Blick in die Zukunft des Trabant ist nicht atemberaubend: Am neuen Kühlergrill, dickeren, ganz in schwarz gehaltenen Stoßstangen, vergrößerten Rückleuchten und dem Einfüllstutzen des nach hinten verlegten Tanks kann man äußerlich den Viertakt-Trabant erkennen. Im Mai 1990 geht er in Produktion. Die Maschine stammt aus der Volkswagen-Lizenzproduktion der Barkas-Werke in Karl-Marx-Stadt, es ist ein 1,05 l-Motor mit 40 PS, auf dem technischen Niveau der aktuellen VW-Motoren. Obenliegende, durch Zahnriemen angetriebene Nockenwelle, automatischer Ventilspielausgleich, Startautomatik, Schubabschaltung und elektronische Batteriezündanlage kennzeichnen unter anderem die Maschine. Die Zeitschrift „Kraftfahrzeugtechnik" läßt in Heft 10/89 den Direktor für Wissenschaft und Technik im PKW-Kombinat Karl-Marx-Stadt, Dr. H. Kämpfe, den neuen Wagen beschreiben. Danach erhält auch der Trabant 1.1 wie ein Jahr zuvor der Wartburg 1.3 ein neues Vierganggetriebe. Außerdem wurde das Fahrwerk überarbeitet, vorn hat der Wagen jetzt McPherson-Federbeine und einen Stabilisator, die Hinterachse wurde verstärkt. Das Mehr an Leistung bescherte dem Trabant endlich Scheibenbremsen vorn. Die Zahnstangenlenkung wurde erneuert und stellt sich jetzt automatisch nach.

Innen erhielt der Trabant 1.1 eine neue Armaturentafel mit zwei Rundinstrumenten und generell eine bessere Geräuschdämmung. Der neue Motor macht auch eine bessere Heizung möglich. Der erwartete Verbrauch von sechs Litern auf hundert Kilometer und der auf 28 Liter Fassungsvermögen vergrößerte Tank erweitern die Reichweite beträchtlich auf jetzt 400 Kilometer.

Trabant 1.1 mit VW-Motor. Mit diesen Bildern stellte ihn die Zeitschrift „Kraftfahrzeugtechnik" ihren Lesern vor

ZAHLEN OHNE REKORDE

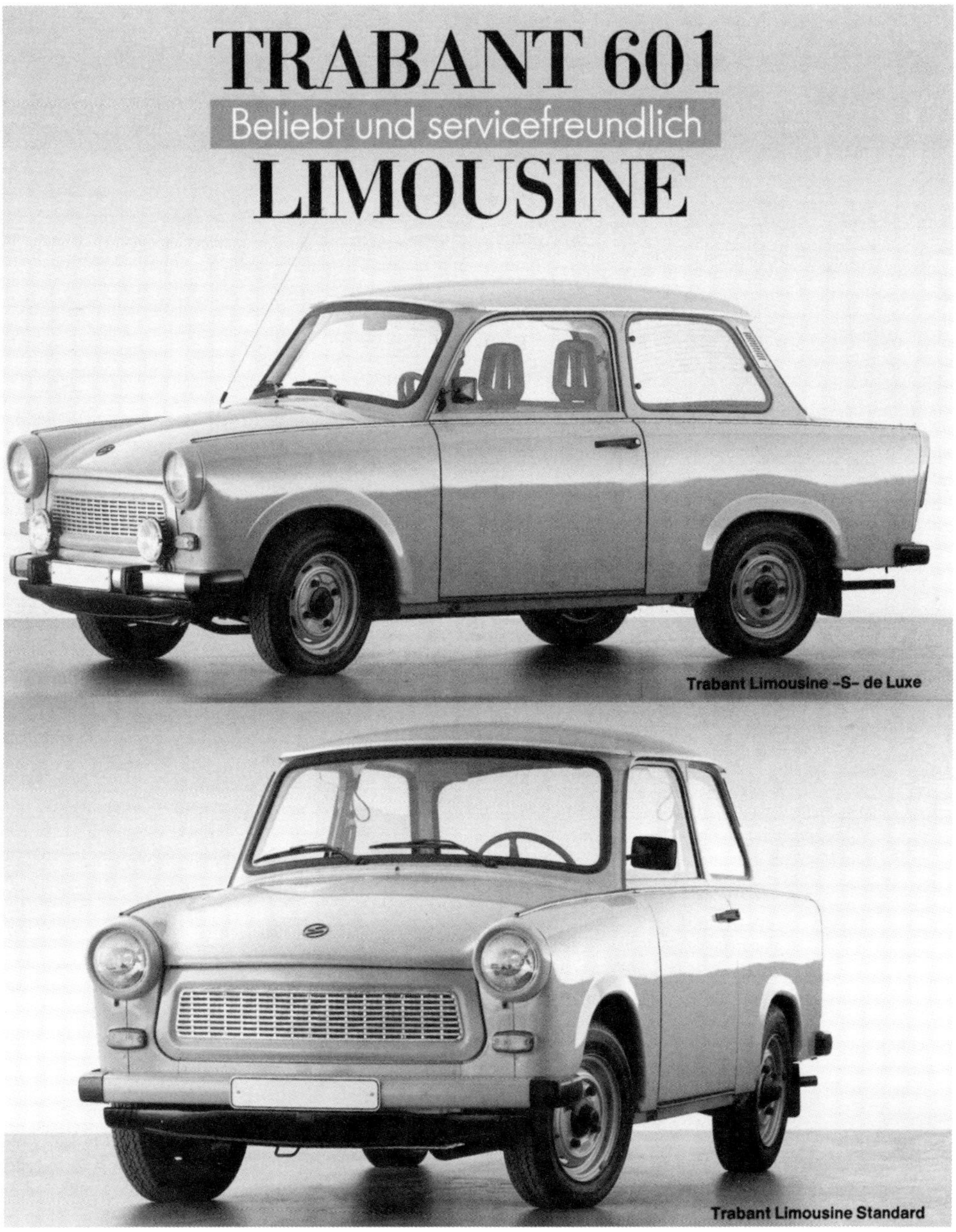

Wohlfeiles Angebot: Ausriß aus dem Verkaufskatalog 1989 des Versandhauses Genex

PRODUKTIONSZAHLEN UND ZULASSUNGEN

Nur zum Teil liegen genaue Produktionszahlen des Trabant vor. Bis Ende 1989 dürften es 2,9 Millionen gewesen sein, die Jahresproduktion hatte sich in der Endphase der reinen Zweitakterproduktion auf rund 150 000 Einheiten gesteigert. Mitte der achtziger Jahre rollten täglich 500 Trabanten in Zwickau vom Band. Für einen Kleinwagen zur Motorisierung breiter Bevölkerungsschichten sind das keine eindrucksvollen Zahlen. Zum Vergleich: Vom Fiat Panda, einem in der Größe (aber auch nur in der Größe) mit dem Trabant 601 vergleichbaren Wagen, werden zur selben Zeit 300 000 im Jahr gebaut, vom Besteller Uno sogar 700 000. Vom Fiat 126, den die polnische Firma FSM im Auftrag von Fiat herstellt, rollen im Jahr immerhin 205 000 auf die Straße.

Der Vergleich mit Kleinwagen aus westlicher Produktion ist insofern schief, als die Massenproduktion in diesen Ländern sich längst auf die Klasse zwischen 1 Liter und 1,7 Liter Hubraum verlagert hat und die kleineren Wagen nicht mehr die dominierende Rolle spielen. In Italien ist das immer noch ein bißchen anders, deshalb eignen sich Daten von Fiat noch am ehesten für einen Zahlenvergleich.
So wie es mit der Konkurrenzfähigkeit des ersten Trabant bestellt war, so verhielt es sich auch mit den Produktionszahlen. Nach 1800 im Startjahr 1958 stieg die Stückzahl 1959 auf 20 000, ein Jahr später auf 35 000, dann auf 42 000. Mit solchen Zahlen kam seinerzeit auch die westdeutsche Konkurrenz aus, vom NSU Prinz I bis III wurden nicht wesentlich mehr Fahrzeuge produziert, vom Lloyd 600 nicht, von manchem, wie etwa dem Glas Isar, sogar deutlich weniger. Als 1964 der Trabant 600 auslief, waren von ihm rund 225 000 Stück gebaut.
Kontinuierlich gingen die Zahlen des 601 in die Höhe, konnten aber nicht Schritt halten mit den Größenordnungen westlicher Produktion (und schon gar nicht mit der Nachfrage im eigenen Land). Der 500 000. Trabant lief 1968 vom Band. Der Millionste, ein roter Wagen mit hellem Dach, 1973. Im aktuellen Prospekt jener Jahre ist der Moment festgehalten, in dem der „Millionär" das entsprechend geschmückte Transparent durchfährt, unter dem Beifall der Werktätigen. 1982 wurden es 2 Millionen, die dritte Million kann der Trabant 1990 schaffen.
Für das Jahr 1967 sprechen Veröffentlichungen in der DDR davon, daß rund 100 000 Trabanten ins Ausland gegangen sind. Das Ziel fast aller dieser Wagen dürften andere sozialistische Länder gewesen sein, vor allem Polen, Ungarn und die Tschechoslowakei. Zu den westlichen Ländern, in denen der Trabant zeitweise zu haben war, gehören die Niederlande, Belgien, Dänemark, Norwegen, Island und Finnland. Und die Bundesrepublik Deutschland: Mit Dumpingpreisen versuchte es ab Mitte 1964 Karl-Heinz Meller in Hamburg, den neuen 601 Käufern schmackhaft zu machen. Es war ein aussichtsloses Unterfangen, nicht nur schwindende Sympathien für den Zweitakter an sich standen dem Erfolg im Wege, sondern vor allem eine Abneigung der Kundschaft gegen Produkte aus der DDR. Daß der Wagen technisch nicht mehr voll konkurrenzfähig war, hätte der niedrige Preis ausgleichen können. Jedenfalls ging eine solche Rechnung bei den Importen von Skoda und Lada in der Bundesrepublik immer auf. 802 Trabanten in der Bundesrepublik hat Buchautor Werner Oswald für die Jahre 1965 bis 1969 ermittelt, weit weniger als die vom Importeur geplanten 1000 Stück pro Jahr. „auto motor und sport" berichtete vom „ostzonalen Kleinwagen" und dem geplanten Import in einer Meldung in Heft 11/64 und teilte dabei auch die anvisierte Stückzahl von 1000 mit. Nach dieser Meldung war über den Importeur sogar ein Reimport in die DDR möglich, ein Verfahren, das später die Firma Genex zu einem umfangreichen Geschäft ausgebaut hat.
In den Niederlanden bot Mitte der sechziger Jahre die Firma Van Hoek's Automobilindustrie in Ravenstein den Trabant an. 1966 kostete die Limousine 3775 Gulden (sie war damit genauso teuer wie das Goggomobil 400), der Universal 3995 Gulden und der Lieferwagen (Universal mit geschlossenen hinteren Seitenscheiben, diese Art von Fahrzeugen hat in den Benelux-Ländern Tradition) 3475 Gulden. Dessen Erwähnung in einer Anzeige in der Zeitschrift „auto visie" ist der einzige Hinweis darauf, daß solch ein Auto existiert hat. Möglicherweise hat der Importeur den „Bestelwagen" selbst umgebaut. Vom Vorgänger zeigte das Werk einmal eine solche Version, aufgetaucht ist der Wagen dann nicht mehr. Die Trabanten für Holland erhielten übrigens eine seitliche Chromleiste. Schlecht war das Geschäft mit dem Trabant nicht. Es liegen zwei Zulassungszahlen

Waarom is de plaats naast de gloednieuwe Trabant Combi 601 leeg?

OMDAT ER - QUA PRIJS, QUA DEGELIJKHEID EN QUA ZUINIGHEID - GEEN ANDERE COMBINATIEWAGEN NAAST DE TRABANT COMBI 601 KAN STAAN.

Denkt u, voor uw zaak of voor u privé, aan de aanschaffing van een combinatiewagen? Houdt u aan de feiten! Ettelijke en ettelijke honderden guldens te veel betalen wilt u niet. (En... hoeft u ook niet!) Hoge benzine- en garagerekeningen ontvangen wilt u niet. (En... hoeft u ook niet!) Een werkpaard dat als twee droppels water op een werkpaard lijkt - zonder enige sjeuïgheid - wilt u niet. (En... hoeft u ook niet!)

Dit zijn de feiten, nietwaar? Dezelfde feiten wijzen u in de richting van uw júiste keuze: de TRABANT COMBI 601!

De Trabant Combi 601 is ongekend ruim voor zijn afmetingen. Hij is onverwoestbaar sterk en onvermoeibaar. Een wagen zonder fratsen, maar één en al betrouwbaarheid. Een mooie wagen ook, modern gelijnd en met rondom extra veilige ruim-zicht ruiten. Geheel compleet met alle accessoires.

De Trabant Combi 601 heeft een zeer lage kilometerprijs.

Ook dit zijn Trabant-feiten:

Duroplast carrosserie-bekleding
Kan nooit roesten. Elastisch: deukt niet bij lichte botsingen, geeft veel meer veiligheid rondom. Isoleert warmte en geluid.

Oersterke 2-slag 2-cilinder motor
Eenvoudig en robuust geconstrueerd. Luchtgekoeld, dus geen koelwaterzorgen, geen antivries. Snelheid 100 km/u.

Ideaal rij- en zitcomfort
Gemakkelijk schakelen door volledig gesynchroniseerde 4-versnellingsbak. Voorwielaandrijving, dus veilige wegligging en... vlakke vloer met extra beenruimte.

... de TRABANT COMBI 601. Het resultaat van een 60-jarige automobielervaring.

3 deurs Combi **f. 3.995,–**

3 deurs bestelwagen **f. 3.475,–**

2 deurs Personenwagen **f. 3.775,–**

Trabant 601 combi

Voor inlichtingen kunt u zich wenden tot de importrice:
VAN HOEK'S AUTOMOBIELINDUSTRIE N.V., RAVENSTEIN (N.Br.) *of tot uw plaatselijke dealer.*

Verkaufsbemühungen in den Niederlanden aus dem Jahre 1966: Raum und Preis sollten die Kundschaft locken für Holland vor, danach konnten im ersten Quartal 1965 1102 und im entsprechenden Zeitraum ein Jahr später 591 Fahrzeuge abgesetzt werden. Offensichtlich hat aber die Begeisterung für den 601 schnell nachgelassen.

Anmerkung zu den Zahlen: Die Angaben von 1958 bis 1964 stammen von Werner Oswald („Kraftfahrzeuge der DDR") und sind ungefähre Zahlen, die von 1964 bis 1984 hat Peter Kirchberg („Horch Audi DKW IFA") ermittelt. Diese stammen direkt aus der DDR, sind exakt, enthalten aber nicht die Stückzahlen des Tramp (vermutlich sind sie ein militärisches Geheimnis). Die Zahlen ab 1984 sind aus verschiedenen Katalogen entnommen und keine exakten Angaben, die Zahl für 1989 eine Hochrechnung des Autors. Die erfaßten Zulassungszahlen für die Bundesrepublik teilen sich so auf: 1965 200, 1966 229, 1967 151, 1968 139 und 1969 83.

PRODUKTIONSZAHLEN

1958:	1 800
1959:	20 000
1960:	35 300
1961:	39 000
1962:	42 000
1963:	54 300
1964:	63 000 (davon 36 300 vom Typ 600)
1965:	61 152
1966:	73 885
1967:	76 920
1968:	79 738
1969:	83 468
1970:	86 200
1971:	91 065
1972:	93 930
1973:	98 632
1974:	102 816
1975:	105 107
1976:	108 460
1977:	109 629
1978:	112 235
1979:	115 027
1980:	118 436
1981:	120 100
1982:	121 630
1983:	123 671
1984:	129 751
1985:	132 000
1986:	135 000
1987:	150 000
1988:	142 800
1989:	150 000
Ges.:	2 977 052

Der Trabi als fliegender Teppich

IFA

Das Fertigungsprogramm der Betriebe des volkseigenen Fahrzeugbaues der Deutschen Demokratischen Republik

Fahrräder
Mopeds und Kleinroller
Motorräder
Motorroller
Personenkraftwagen
Klein- und Schnelltransporter
Lastkraftwagen
Spezialfahrzeuge
Anhänger
Einzelteile und Zubehör
für Fahrräder und Kraftfahrzeuge

Manufacturing Programme of the Nationally Owned Motor Vehicle Industry of the German Democratic Republic

bicycles
mopeds and small scooters
motor cycles
motor scooters
motor cars
small carriers and rapid transit trucks
lorries
special purpose vehicles
trailers
accessories and spare parts
for bicycles and motor vehicles

Le Programme de Fabrication des entreprises nationalisées de la construction de véhicules de la République Démocratique Allemande

Vélos
Vélomoteurs et Scooters miniatures
Motocyclettes
Scooters
Automobiles
Camionnettes et camions rapides
Camions
Véhicules spéciaux
Remorques
Pièces détachées et accessoires
pour vélos et véhicules motorisés

EXPORTEUR: TRANSPORTMASCHINEN

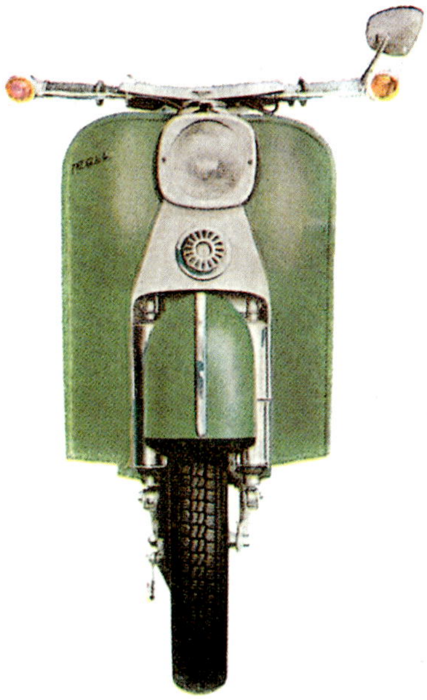

- IMPORT DEUTSCHER INNEN- UND AUSSENHANDEL BERLIN W 8 - DEUTSCHE DEMOKRATISCHE REPUBLIK

Noch mehr Fahrkomfort

1. Lenksäulenverkleidung
Eine Vervollkommnung der Innenraumgestaltung – formschön und praktisch –

2. Intervallschalter
Jeder Witterungsbedingung angepaßt – erhöhte Sicherheit – Dauerbetrieb, Wischerintervalle von 2 Sek., 4 Sek. und 10 Sek. sind die vier möglichen Schaltstufen

3. Neue Innenverkleidung
Leichte Pflege, dezentes Aussehen, Aspekte der mittels modernsten Plastschweißverfahren hergestellten neuen Innenverkleidung

5. Türverriegelung
Funktionssicher, leichte Bedienung, große Sicherheit – Qualitätsmerkmale der neuen Türverriegelung

Erhöhung des Gebrauchswertes

4./7. Verbessertes Heizungssystem
Ohne Umstecken der Heizungsschläuche – Frischluft, Warmluft oder beides gemischt und das bei einer Erhöhung des Luftdurchsatzes um 60 %.
Durch vergrößerte Defrosterdüsen schneller klare Sicht.
Fazit: Eine stufenlose individuell regelbare Belüftung des Fahrgastraumes

6. Vergrößerter Tank
26 l Fassungsvermögen – mit einer Tankfüllung mehr Kilometer

8. Elektrische Anlage
Vergrößerte Zündspulen, M 14 Zündkerzen, veränderte Lichtmaschine – Nutzen: Erhöhung der Lebensdauer der Batterie, besseres Kaltstartvermögen.

Trabant-Technik aus dem Prospekt von 1975

Trabant 601

1. Fahrpause eingeplant

Denn Sie und Ihre Fahrgäste fühlen sich unbeengt. Das beweist dieser Blick ins Innere eines Demonstrationsmodells.
Frischluft-Beheizung, Innenraumbeleuchtung, Ascher, Türtaschen, Sonnenblenden gehören zu den Details serienmäßiger Ausstattung des TRABANT 601.

2. Individueller Sitzkomfort

durch körpergerecht geformte Sitze. Die in neun Stufen verstellbare Rückenlehne garantiert jeder Körpergröße die sicherste Sitzposition. Die Verstellbarkeit des Sitzes in seine Längsrichtung wird allen Ansprüchen gerecht.

3. Zweckmäßigkeit mit Komfort

bietet Ihnen der TRABANT 601 universal aus dem VEB Sachsenring, Automobilwerke Zwickau/DDR. Mit einer Nutzlast von 390 kg und der Austattung einer Limousine schafft er Sie auf flinken Rädern zuverlässig an Ihr Ziel.

4. Eine vollendete Lösung

Nur zwei Handgriffe, und es entsteht ein unvermutet großer Stauraum. Durch Vorklappen des Fondsitzes und der Fondlehne entsteht eine Ladefläche von 1300 mm Länge.
Alles in allem ein Fahrzeug, das viel zu bieten hat: Komfort, Platz und Zuverlässigkeit.

Idylle der frühen sechziger Jahre

Mit dem Kombi in die Berge

Sonntagsausflug mit dem Trabant

Trabant 601 um drei PS aufgewertet

Trabant 500 unter der Lupe

Der nagelneue P 50 als strahlender Stern

Im Schick der späten fünfziger Jahre

Farbpalette von 1964

Im Rhythmus einer großen Stadt

ist der Trabant 601 ein sicherer und zuverlässiger Partner. Seine einfache, übersichtliche Bedienung gewährleistet eine volle Konzentration auf den Straßenverkehr.
Durch das robuste Anzugsvermögen und die vorzügliche Beschleunigung wird er allen Anforderungen gerecht, die heute der Großstadtverkehr an ein modernes Auto stellt.
Und noch eins: Die großflächigen Fenster garantieren eine uneingeschränkte Rundumsicht.

Aus Prospekt 1974

Ob für einen Sonntagsbummel oder für den Großeinkauf, der Trabant 601 bietet mit seiner reichhaltigen Innenausstattung und dem großvolumigen Kofferraum jede Möglichkeit.
Mit 415 l Stauraum können selbst vier Erwachsene zur ausgedehnten Urlaubsreise starten.

Die vielen, serienmäßig eingebauten Extras, wie zugfreie Be- und Entlüftung, Innenbeleuchtung, Ascher und Armlehnen im Fond sowie die große Hutablage lassen ihn zu dem Spitzenreiter seiner Klasse werden.

Ein Fahrzeug für jede Gelegenheit

Aus Prospekt 1974

Trabi allüberall in der DDR

TYA 9-87
DDR
XEROX
copiers

TZL 3-31
DDR

Trabant im Rampenlicht der Rallyeszene

Werkseinsatz im fernen Finnland

PREISE

Eines der ersten Gesprächsthemen in einer privaten Ost-West-Begegnung sind die Autopreise. Den Trabant 1989 mit, je nach Ausstattung, zwischen 12 000 und 13 000 Mark festzusetzen, erscheint dem Kenner westlicher Autopreise reichlich kühn und so recht begreifen will sie der Kenner östlicher Wirtschaftsverhältnisse auch nicht. Natürlich ist der Trabant dieses Geld nicht wert, wie auch ein Lada Samara nicht 32 000 Mark wert ist (in der Bundesrepublik wird er für rund 12 000 DM angeboten). Diese Erkenntis gilt besonders angesichts der nominell geringen Einkommen in der DDR, wo 1200 Mark auf dem Lohnkonto eine stolze Zahl sind. An den Autos wird also kräftig verdient, aber nur, so stellt es die offizielle Politik in der DDR dar, zum Wohle des Volkes. Überschüsse aus dem Verkauf von Konsumgütern sollen nämlich teure Sozialleistungen wie die niedrigen Mieten (auf dem Stand von 1930), Grundnahrungsmittel (Herstellungskosten liegen hier häufig unter den Ladenverkaufspreisen) und die sehr billigen öffentlichen Verkehrsmittel finanzieren. Mit dieser Begründung wurde auch 1988 der hohe Preis des Viertakt-Wartburg gerechtfertigt (mit 32 000 Mark um 12 000 Mark teurer als die seinerzeit eingestellte Zweitaktversion!). In einer internen Information an Parteimitglieder wurde dies von der SED als Argumentationshilfe den Genossinnen und Genossen mit auf den Weg gegeben. Hier ist von 50 Milliarden Mark die Rede, die der soziale Bereich für das Jahr 1988 verschlingt.

Es hilft nicht viel, darüber zu diskutieren, ob ein solches Wirtschaften sinnvoll ist oder nicht. Die theoretisch ganz gut klingende Idee der Finanzierung von Sozialleistungen auf diese Art — auch in westlichen Ländern gibt es Luxussteuern auf Autos, die in der Höhe des regulären Verkaufsspreis liegen, das Auto kostet also den doppelten Preis — wird durch die Realität im Sozialismus der DDR ad absurdum geführt: Gäbe es genügend Trabanten, wäre der überhöhte Preis sicherlich kein Thema. Denn wer einmal einen Wagen hat, kann den Gebrauchten rechtzeitig abstoßen und dabei regelmäßig den Grundstock für den neuen schaffen, die Angst vor Pannen und Unfallschäden wäre nicht ständiger Begleiter des Trabantfahrers. Das Problem liegt in den Lieferfristen. 1989 waren es für die 601 Limousine 13 Jahre, für den Universal 15. In einzelnen Bezirken kann es

Bild mit Symbolkraft: Die Zahl auf dem Pullover des Jungen steht für die Wartezeit auf einen Trabant in der DDR. Links ein P 50, rechts der 601

schneller gehen oder länger dauern, generell gilt diese Zahl für alle DDR-Bürger außer für die bevorzugten Hauptstädter (sie haben es besser, dort müssen nach dem Willen der SED viele Autos laufen, damit es für die ausländischen Gäste mehr nach blühendem Leben aussieht). Der chronische Mangel an Fahrzeugen und der Zwang, das klapprige Altfahrzeug immer wieder zu erneuern, zehrt nicht nur an den Nerven der Autofahrer, er belastet auch die Werkstätten und schließlich die Ersatzteilversorgung (ein Drittel der Kapazitäten in Zwickau ist durch die — zudem keineswegs ausreichende — Ersatzteilversorgung gebunden). Die Rechnung geht offensichtlich nicht auf. In ihre Anlagen investieren, wie es für eine modernde Automobilfabrik notwendig wäre, können die Betriebe auch nicht, weil die Autoindustrie kein Schwerpunkt der DDR-Wirtschaft ist. Was bleibt, ist das Improvisieren, der Käufer muß es genauso beherrschen wie Handel und Hersteller.

Die Preise für den Trabant lagen anfangs bei 7450 Mark für die Limousine (zum Vergleich: Ein Lloyd 600 kostete in der Bundesrepublik zur selben Zeit 3980 DM). Mit der Einführung des 600 kletterte der Preis für die einfache Trabantversion auf 7850 DM, der 601 aus dem Jahre 1964 behielt dann erstaunlicherweise diesen Preis, er galt bis in die siebziger Jahre. Der Kombi lag um rund 2000 Mark darüber. In der Bundesrepublik veranschlagte der Importeur seinerzeit 3365 DM für die Limousine, später nur noch 3150 DM, und für den Universal 3680 DM.

Da die — seltenen — Preiserhöhungen in der DDR nicht regelmäßig mitgeteilt und kaum in der Fachpresse genannt werden, gibt es keine vollständige Preisliste für alle Trabanten. Unübersichtlich wird die Situation auch durch eine Spezialität des real existierenden Sozialismus in der DDR: Da es offiziell keine Preiserhöhungen geben darf, werden die Preise heimlich durch reduzierte Ausstattung und teurere Zusatzangebote angehoben. Die S de luxe-Version ist in einem Test des „Deutscher Straßenverkehr" 3/82 mit 10 952 Mark angegeben. 1989 liegen die Preise, wie eingangs erwähnt, bei rund 13 000 Mark für die Limousine und 15 000 Mark für den Universal.

Es gibt auch für den Trabant die zweite Währung. Über das Versandhaus Genex werden Fahrzeuge wie andere Gegenstände — bis zum Fertighaus — im Westen bestellt und in der DDR ausgeliefert. bezahlt wird in DM, zum Beispiel vom Erbonkel. Der Trabant 601 S de luxe steht im Katalog für 1989 mit 6175 DM, der Universal S de luxe mit 7165 DM. Zum Vergleich: ein Lada Samara kostet in der DDR rund 32 000 Mark, bei Genex rund 15 000 DM, in der Bundesrepublik rund 12 000 DM.

Wer keinen Erbonkel hat, mit der Mangelwirtschaft aber richtig umgehen gelernt und eine große Familie im Hintergrund hat, schafft es immer wieder trotz aller Wartezeiten, an einen neuen Trabant zu kommen. Tante, Onkel, Oma und Opa werden auf ein Auto angemeldet, auch wenn sie nie ein Auto haben wollten. Irgendwann kommt der Partner mit einer Lieferung dran, später die Kinder über 18. Damit wird alle paar Jahre wieder ein Wagen zugeteilt, der für DDR-Verhältnisse noch neuwertige alte wird weit über dem einstigen Neupreis abgesetzt (oder in der Verwandtschaft weitergereicht). Privat verkauft bringt ein neuer Trabant 601 rund 20 000 Mark ein (Universal 22 000 Mark), gerechnet am Stand der Dinge 1989. Ein sechs Jahre alter Trabant mit einer Laufleistung von rund 70 000 Kilometern ist den Preis eines Neuwagens wert. So gesehen, fährt man im Trabant in den ersten sechs Jahren umsonst. Für solche Geschäfte gibt es die privaten Automärkte. Die Preise nach offiziellen staatlichen Schätzungen, orientiert am rein technischen Wert ohne Würdigung der Begleitumstände, gelten nur auf dem Papier. Sie gehen davon aus, daß der Wagen im Prinzip pro Jahr zehn Prozent des Verkaufspreises verliert. Aber Verkäufer und Interessent werden sich auch ohne staatliche Hilfe einig. Der neue Trabant 1.1 wird in der DDR 19 865 Mark kosten. Anders als bei der Einführung des Wartburg 1.3 wird die Zweitaktversion nicht wegfallen, sondern mindestens zwei weitere Jahre im Programm bleiben. Denn knapp 20 000 Mark sind für viele Familien in der DDR ein zu hoher Preis, während die 12 000 Mark für den 601 noch zu schaffen sind. Nach und nach soll der Viertakter dennoch den 601 ersetzen.

Sie gehören sowohl in der DDR wie auch in Ungarn zum Straßenbild: Ikarus-Busse und der Trabant. Dieses Prospektblatt zum Bus wirbt unfreiwillig auch für den Trabant

DUROPLAST UND DER FORTSCHRITT

Die Botschaft des P 70 an die Welt des Automobils: Die Plastik-Karosserie ist da

Die Sonderstellung des Trabant in der Automobilgeschichte beruht nicht nur auf dem in seiner langen Produktionszeit immer größer gewordenen Rückstand gegenüber dem internationalen Standard, sondern auch — und das im Positiven — in der erstmals verwirklichten Großserienfertigung einer Kunststoffkarosserie. Der eigentliche Pionier auf diesem Gebiet war zwar der P 70, da er, von vorneherein nur als Versuchsobjekt gedacht, nicht über eine Stückzahl von rund 36 000 Wagen in vier Jahren hinauskam, kann man aber bei ihm nicht von einer Großserie sprechen. Beim P 50, dem Trabant, machten die Zwickauer ernst mit der in mühevollen Experimenten entwickelten neuen Technik. Sie erregten damit seinerzeit großes Aufsehen, da niemand genau wußte, ob im Kunststoff die Zukunft des Karosseriebaus liegen würde. Dies war nicht der Fall, gleichwohl interessierte die Techniker in aller Welt, was aus der Idee werden würde.

Das Konzept in wenigen Worten: Aus dem Werkstoff Duroplast, einer textilfaserverstärkten Phenolharzpreßmasse, werden die Karosserieteile gepreßt. Im Gegensatz zu Polyesterkarosserien, die über eine Form gezogen werden, entsteht bei der Methode Trabant eine Masse im Endlosband. Sie wird anschließend entsprechend dem Tiefziehblech über Pressen in Form gebracht. Die einzelnen Karosserieteile werden an einem selbsttragenden Stahlgerippe befestigt — beim P 70 war es noch ein Holzgerippe — , das wiederum mit dem Plattformrahmen verschweißt wird. Die Befestigung des Duroplast am Stahlgerippe erfolgte anfangs mit Schrauben, Nieten und Falzen, mehr und mehr ging man in den sechziger Jahren aber dann zum Kleben über.

Der Duroplast-Kotflügel wird montiert

Was brachte die Duroplastkarosserie? Vor allem sparte sie Stahl ein. In Zeiten des kalten Krieges war dies ein wesentlicher Faktor, denn die DDR hatte Schwierigkeiten, benötigtes Material aus dem Westen zu beziehen. Kapazitäten der eigenen Industrie waren bereits gebunden, unter anderem gingen im Personenwagenbereich alle Tiefziehbleche nach Eisenach, der Produktionsstätte des Wartburg. Zu einer Kapazitätserweiterung war die Wirtschaft der DDR nicht in der Lage. Die Phenolharze aber wurden aus der heimischen Braunkohle gewonnen.

Der wichtigste technische Vorteil des Materials liegt auf der Hand, es rostet natürlich nicht. Immerhin war der Rostfraß in den fünfziger Jahren noch ein großes Problem, die Rostanfälligkeit der Karosserie bestimmte praktisch die Lebensdauer des Autos, weniger die meist robuste Mechanik. Außerdem sparte der neue Werkstoff Gewicht, zumindest in der Theorie. Das Werk rechnete ein Mindergewicht von 40 Prozent gegenüber 0,88 Millimeter dickem Stahlblech vor (1 Quadratmeter Stahlblech dieser Dicke wird dabei mit 7 Kilogramm veranschlagt, ein Quadratmeter Duroplast bei 3 Millimeter Dicke mit 4,15 Kilogramm). Erstaunlicherweise war der P 50 aber keineswegs leichter als die Konkurrenz. Er wog fahrfertig 620 Kilogramm, der Fiat 600 beispielsweise 560, das Gog-

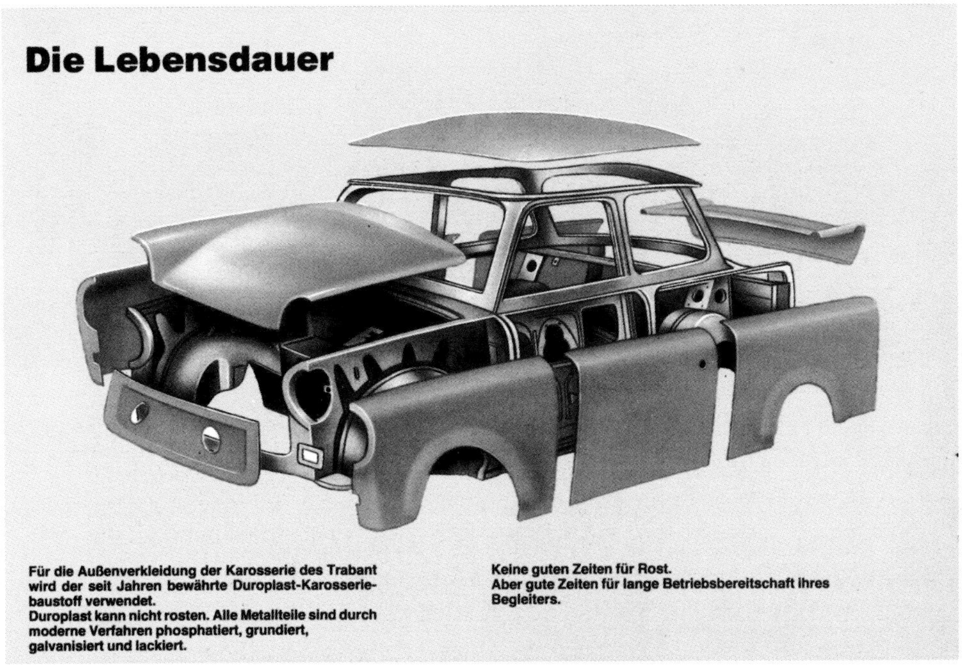

So setzt sich der Trabant zusammen

gomobil 600 (später Glas Isar) 580, der NSU Prinz I-III 490 Kilogramm. Des Rätsels Lösung kann nur im Gewicht des Stahlgerippes liegen. Das Gerippe muß zusammen mit der soliden Bodengruppe die ganze Karosserie allein halten, während bei einer Stahlkarosserie viele Teile mittragen. Möglicherweise war die Duroplastmasse auch nicht so leicht wie erhofft und angegeben.

Gute schalldämmende Wirkung und Isolierung gegen Hitze und Kälte werden dem Duroplast zugeschrieben. Schließlich die Servicefreundlichkeit: kleinere Schäden können durch Kleben behoben werden, zerbrochene Stücke lassen sich schnell abmontieren und ersetzen. Dazu wird Kunstharzkleber verwendet; die Masse wird von innen aufgetragen, die lädierte Stelle dann von außen verspachtelt.

Freilich war und ist die Methode aufwendig. Die Erkaltungsphase des Duroplast verzögert den Produktionsablauf. Und seitdem die Korrosion bei Stahlkarosserien längst nicht mehr die Rolle spielt wie früher, seit es reparaturfreundliche Befestigunsgmethoden längst auch für Blechteile gibt, Schalldämmung und Isolierung im traditionellen Karosseriebau ebenfalls kein Problem mehr sind, hat sich die Duroplastkarosserie überlebt. Und außerdem ist der kalte Krieg seit den späten sechziger Jahren vorbei. Weigerten sich vorher westdeutsche Firmen, in die DDR zu liefern, so war in den siebziger Jahren zum Beispiel das Volkswagenwerk froh, 10 000 Golf in die DDR verkaufen zu können. Eine Geschäftspolitik im Zeichen der Entspannung, die schließlich in das Lizenzmotorenwerk in Karl-Marx-Stadt Mitte der achtziger Jahre mündete. Den Ingenieuren aus Zwickau und Karl-Marx-Stadt — hier fanden die ersten Versuche statt — bleibt der Ver-

Am Fließband in Zwickau. Die Endmontage wird vorbereitet

dienst, diese Technik ausprobiert und realisiert zu haben. Den Weg in die Zukunft haben sie damit nicht gewiesen.

Seinerzeit war es durchaus ein logischer Schritt, die Idee der kunstlederbeplankten Holzkarosserie weiterzuentwickeln. Beim IFA F 8 wurde zunächst die von DKW stammende Holzbauweise noch angewendet, und auch in der Bundesrepublik gab es eine weitere Auflage: Der Lloyd LP 300, äußerlich in verkleinerter Ausgabe den späteren P 70 vorwegnehmend, erschien als erster Kleinwagen im Borgward-Konzern im Jahre 1949 mit Hartholz-Fachwerk-Gerippe, Sperrholzverkleidung und Kunstlederbezug. Als „Leukoplastbomber" ging er in die deutsche Autogeschichte ein. Dann freilich trennten sich die Wege der Kleinwagenentwicklung in der Bundesrepublik und der DDR, bei Lloyd wie anderswo nahm man Abschied vom Skelett unter der Außenhaut und ging, inzwischen von Materialsorgen befreit, zum Stahlblech über. Zunächst gab es bei Lloyd noch eine Zwischenetappe: Der 1953 vorgestellte LP 400 hatte noch das Dach aus Holz und Kunstleder, die Seiten waren bereits aus Stahlblech. Kurz darauf wurde mit dem 400 S die Ganzstahlkarosserie eingeführt.

Originelle Auslieferung: die Neuwagen kommen mit der Lastenstraßenbahn. Gefunden in der Zeitschrift „Der Deutsche Straßenverkehr".

GRAUER ALLTAG MIT DEM TRABI

Tanken in der Bundesrepublik: die Mopedzapfsäule wird nicht benötigt, es genügt die Büchse Öl vor dem Einfüllen des Sprits

Wenn Post kommt vom IFA-Vertrieb, ist die Freude groß in der DDR. In aller Regel enthält der Umschlag die gute Nachricht, daß das bestellte Auto jetzt zuteilungsreif ist. Wann ist der 601 bestellt worden? Natürlich weiß man es noch, aber es ist ganz schön lange her. Zum Trost rechnet sich der informierte Trabantfahrer aus — wer einen Neuwagen erwartet, hatte meist schon jahrelang mit einem Gebrauchten das Vergnügen — welche Verbesserungen in den 13 oder 15 Jahren seit der Bestellung in die Serie eingeflossen sind......

Aber jetzt ist keine Zeit für solche ketzerischen Gedanken, jetzt wird es schließlich ernst. Es folgt der Vorvertrag. Da man vor 13 Jahren noch nicht wissen konnte, was zum aktu-

Pech mit dem Trabi am Feiertag des Wiedersehens auf dem Kurfürstendamm

ellen Datum zur Ausstattung des Wagens gehören würde (den Preis kannte man auch nicht), werden Details und Sonderwünsche erst jetzt festgelegt. Der Anspruchsvolle kann warten, vielleicht ein halbes Jahr, der Anspruchslose hat Glück, es wird wohl nur noch einen Monat bis zur Auslieferung dauern. Zu besonderen Ansprüchen zählen Farben, die von marmorweiß und pastellblau abweichen, die Qualität der Sitzbezüge, Automatiksicherheitsgurte, ein Radio. Es geht also alles seinen sozialistischen Gang bis zum Tage X. Da warten die Abholer im zentralen Auslieferungslager, sehen die lange Reihe der fabrikneuen Wagen. Die Prozedur ist umständlich, dafür können die Versicherung und die Zulassung an Ort und Stelle miterledigt werden. Eine detallierte Einweisung durch eine Fachkraft — vielleicht weiß ja jemand wirklich noch nicht, was beim Trabant zu beachten ist — gehört zur Zeremonie, und das hat seinen tieferen Sinn: Immer wieder berichten Autobesitzer in der DDR — und es scheint sich dabei nicht um eine Latrinenparole zu handeln — von der für den Käufer ärgerlichen, für den Werktätigen einträglichen ungeschriebenen Geschäftsregel, daß an der Ausstattung des Wagens unter bestimmten Umständen noch etwas verändert werden kann. Ein Radio? Kopfstützen? Nebellampen? Nichts ist unmöglich, gegen Trinkgeld wird (fast) alles erledigt, es muß nur in einem anderen, ebenfalls frisch gelieferten Wagen enthalten sein. Nun muß das nicht überall in der DDR so ablaufen, wie man überhaupt Erfahrungsberichte aus der DDR nie verallgemeinern kann, weil die Umstände und Zustände keineswegs einheitlich sind. Es gibt sicher auch in dieser Beziehung korrekt arbeitende Betriebe. Fest steht aber, daß solches Treiben lange Zeit dazugehörte. Ob sich im Rahmen der Wende vom Herbst 1989 auch an diesen Punkten etwas ändern kann? Dumm dran war oder ist in einem solchen Fall derjenige, der einst Ansprüche anmeldete und sich nun bei der Auslieferung nicht darum kümmern kann, ob er auch ein dem Vertrag entsprechendes Auto erhält. Theoretisch könnte er auf Einhaltung seines Vertrages pochen. Aber, wer wird denn gleich sein Auto zurückgeben wegen ein paar Kleinigkeiten? Wann er wieder an der Reihe ist, bleibt ungewiß. Aber wenn es wieder einmal so weit ist, wird er es schlauer anfangen.

Die Fahrt mit dem neuen Auto nach Hause ist keine sorgenfreie. Denn es steht Arbeit an, viel Arbeit. Das Werk liefert den Wagen nicht hohlraumversiegelt an. Das erledigt — und sogar prompt — die Werkstatt. Dann ist es ja nicht so schlimm, möchte man meinen. Eigentlich ist es auch nicht schlimm, wenn man von der Kleinigkeit absieht, daß der stolze Trabantbesitzer sein 13 000-Mark-Auto erst einmal kräftig abbauen muß. Die Innenausstattung muß größtenteils heraus (Teppichböden, Innenverkleidung, Sitze und noch mehr), erst dann kann der Wagen hohlraumversiegelt werden. Vor- und Nacharbeiten sind schließlich nicht Sache der Werkstatt....Wie ein Gummiball auf Beton soll sich ein Trabant dieser seltenen Art bei der Fahrt anfühlen, zum Glück ist die Strecke meist nur kurz. Viele haben es so erfahren; es soll auch Werkstätten geben, die die „Innenarbeiten" miterledigen. Geschieht dies nicht, baut der Trabantfahrer nach der Konservierung alles wieder ein und es schadet auch nicht, sämtliche erreichbaren Schraubverbindungen an Karosserie, Motor und Fahrwerk festzuziehen. Günstig ist es auch, Scharniere und Bowdenzüge zu fetten und zu ölen. Das Auto wird es ihm später danken und länger und weiter rollen. Denn nun, endlich, kann es losgehen.

Übrigens wird in der DDR wesentlich weniger gefahren als in der Bundesrepublik. Das Auto muß länger halten und außerdem ist zumindest bei Großbetrieben eine Beförderung zum und vom Arbeitsplatz per Bus organisiert, so daß das gute Stück überwiegend nur am Wochenende herausgeholt wird.

Oft genug ist in der Werkstatt kein Platz frei

Nach 500 und nach 5000 Kilometern ist für den Neuwagen eine Garantiedurchsicht fällig, jede Werkstatt muß sie durchführen. Danach ist der stolze Trabantbesitzer auf die Zuneigung einer Vertragswerkstatt angewiesen. Der Mangel an Serviceeinrichtungen gibt den Werkstätten große Macht in die Hand. Wehe dem, der sich beim Werk beschwert. „Sie waren doch mit uns nicht zufrieden. Dann wollen Sie sicher auch künftig nicht von uns bedient werden." Eine solche Antwort am Telefon ist eine vernichtende Auskunft für den Trabant- oder auch Wartburgfahrer.

Improvisation ist alles: Die Tür ist besorgt, das Lackieren hat — dank Duroplast — Zeit

In der Regel dauert es eine Weile, bis die ersten Ersatzteile fällig werden, denn der Trabant ist in der Tat ausgereift und robust. Im Handel und in den Werkstätten gibt es grundsätzlich alles und nichts. Völlig unerwartet muß jedermann plötzlich einer Schraube hinterherlaufen, die es vor Monaten noch in rauhen Mengen gab. Die kleine Feder aber, die es eigentlich nie gibt, liegt plötzlich auf dem Ladentisch. Was passiert? Der Trabantbesitzer kauft sich gleich drei davon, obwohl er momentan gar keine braucht, man kann ja nie wissen. So geht es drei Tage lang, der eine sagt es dem anderen, und schon ist die Feder wieder ausverkauft. Wer kann die Kraft aufbringen, diesen Teufelskreis zu zerschlagen? Zum sprichwörtlichen Mangelartikel ist schon vor Jahren die Auspuffanlage des Trabi geworden. Das Werk versucht mit der Gewinnung neuer Zulieferbetriebe die Situation bei verschiedenen Teilen zu verbessern, manchmal auch mit gewissem Erfolg.

Versuche des unerlaubten Nebenverdienstes gibt es auch beim Ersatzteilhandel. Der „zufällig" noch im Lager gefundene Auspuff hat aber auch schon manch einem Verkäufer, der zuvor ein Trinkgeld angenommen hatte, Ärger eingebracht. Es kommt nämlich vor, daß die Volkspolizei Scheineinkäufe tätigt, um die Sünder zu überführen. Einmalig, aber völlig legal ist eine andere Form der Ersatzteilbeschaffung: Eine Eingabe beim Staatsrat in Berlin mit Schilderung der Notlage führt zu einer personengebundenen Auslieferung eines Teiles. Aber eben nur einmal.

Selbst Hand anlegen beim Einbau ist vielfach der Schlüssel zur Lösung eines ansonsten unlösbar scheinenden Problems. Umfangreiches Bordwerkzeug hat den Trabanten immer beigelegen.

Wartezeiten wie für den Werkstattbesuch plagen den Autofahrer auch beim Tanken. Die Tankstellen in der DDR haben seltsame Öffnungszeiten, orientiert mehr an den Bedürf-

Wer es nicht selbst gesehen hat, kann kaum glauben, was der Trabi alles wegschleppt

nissen der Beschäftigten als am Bedarf der Kundschaft. In wenigen Stunden müssen hunderte von Fahrzeugen betankt werden. Selbstbedienung ist noch nicht verbreitet, alles dauert. Ist es da ein Wunder, wenn der eine oder andere während der Arbeitszeit schnell einmal mit dem eigenen Wagen zum Tanken fährt, weil gerade jetzt statt 50 nur 20 Autos in der Schlange stehen? Die Arbeit bleibt dann eben liegen, was indirekt zur mangelhaften Gesamtversorgung beiträgt. Auch ein Teufelskreis, den zu durchbrechen bislang niemand die Kraft hatte, wenn es auch seit dem Herbst 1989 Ansätze dazu gibt. Der geringe Aktionsradius des Trabi von nur 250 bis 300 Kilometern ist eine weitere Last, vom Spritpreis von 1,50 Mark pro Liter ganz zu schweigen.
Daß der Trabant für einen Kleinwagen groß, insgesamt aber doch sehr klein ist, darüber ist sich jeder Trabantneuling im klaren. Deshalb wird er sich kaum über zu wenig Innenraum beklagen, mit dem Kofferraum kann man leben. Schließlich erträgt der Trabi auch Dachlast und Gewicht am Zughaken. Ja, sogar mit dem Wohnwagen sind sie unterwegs, und nicht nur auf kurzen Strecken. Eben sollten die Ferienwege aber sein. Immerhin muß der arme Kleine mit dem Wohnwagen Quek Junior 360 Kilogramm schleppen, mit einem der beliebten Last-Zelt-Anhänger sind es 200 Kilogramm. Weder im Prospekt noch in den Katalogen werden übrigens Angaben über Grenzen bei Anhängelasten und Dachlast gemacht, unterwegs sind die Trabis aber in allen möglichen Beladungs- und Belastungsvarianten. Denn das ist das Beste an diesem Auto: es hält offenbar alles aus, auch dann noch, wenn die Belastung jenseits aller Empfehlungen liegt.

Veredeltes Armaturenbrett in einem 601: die Rundinstrumente stammen aus dem Wartburg 353

Als Schwachpunkt bis auf den heutigen Tag erweist sich immer wieder die Heizanlage. Zwei luftgekühlte Zylinder bringen eben zu wenig Wärme auf. Und auch seitdem der Auspuffkrümmer in die Wärmezufuhr einbezogen ist, genügt die Heizleistung den Ansprüchen nicht. Viele lassen sich daher eine Zusatzheizung einbauen. Mit dem Einbau der 12-Volt-Anlage sind die erheblichen Probleme mit dem Licht gelöst, die den Trabi viele Jahre buchstäblich begleitet hatten. Seitdem verträgt er auch Zusatzscheinwerfer. Der Keilriemen ist mit dem Antrieb des schweren Gebläses oft überfordert, Ersatz sollte, wie einst beim Käfer, immer mitgeführt werden.
Komfortmindernd wirken sich die Blattfedern vorn aus, sie neigen zudem bei hohen Außentemperaturen zum Quietschen (noch ein unverwechselbares Geräusch außer dem des Zweitaktmotors). Bei Gebirgsfahrten ist der Trabantpilot vorsichtig, die Bremsen können nachlassen. Es gilt für ihn die alte Regel ganz besonders, in dem Gang den Berg hinunterzufahren, in dem er auch hinaufgefahren ist.

MOTORSPORT: NICHT NUR IM DAUERLAUF

Trabis in den Farben des Motorsports

Seine erste Rallye fuhr der Trabant schon, als es ihn offiziell noch gar nicht gab. Vom 3. bis 5. Oktober 1957 fand in Thüringen die Wartburgrallye statt, und am Start waren auch geheimnisvolle Autos: Prototypen aus Zwickau, zwei P 50 aus der Versuchsabteilung. Sie liefen außer Konkurrenz, aber sie hielten durch.

Von diesem denkbar frühen Moment an gehörte Motorsport zum Trabant wie die Duroplastkarosse. Sowohl von Werksseite bei Rallyes, auch im westlichen Ausland, wie bei Privatfahrern auf Rallyepfaden und auf der Rundstrecke war und ist der Trabant unermüdlich im Einsatz als robustes und gar nicht so langsames Sportgerät. Es kam im Laufe der Zeit eine beachtliche Liste von Erfolgen zusammen, in aller Regel natürlich Klassensiege (es gab auch sieben Gesamtsiege, den letzten 1972.). Einerseits sind diese Erfolge, vor allem die aus jüngerer Zeit, erstaunlich angesichts der Rückständigkeit des Ursprungsproduktes, andererseits trifft aber der Trabant bei internationalen Veranstaltungen in der niedrigsten Hubraumklasse ausschließlich auf private Konkurrenz und hat somit gute Karten: Wenn auch der Aufwand der Zwickauer gegenüber den anderen Werksteams mehr als bescheiden ist, so steht den Trabant-Besatzungen aber doch die bewährte Struktur einer Profitruppe zur Verfügung, im Gegensatz zu privater Klassenkonkurrenz.

Die Sportabteilung des Werkes wurde 1960 gegründet, bis dahin fuhren Werksangehörige im Namen des MC Zwickau. Elf Mann hoch blieb die Abteilung bis zum aktuellen Stand, eine kleine, aber sicherlich effektive Gruppe, die immer auch Entwicklungsarbeit betrieb. Einer der großen Erfolge in der Anfangszeit war der Dreifachsieg bei der Rallye Hanseat 1961 in der Bundesrepublik, Galle/Georgi und Feldmann/König mußten sich sogar bei völliger Punktgleichheit den ersten Platz teilen, Asmus/Piehler wurden Dritte. Die Wertung erfolgte zum Teil nach klassenbezogenen Sollzeiten, insgesamt nur sechs

Teams schafften alle Vorgaben. Zu jener Zeit waren Rallyes eine Kombination von Zuverlässigkeitsfahrten, Langstreckenwettbewerben und Sprintprüfungen und kamen schwach motorisierten Fahrzeugen entgegen. In Österreich, in Finnland, in Polen und Ungarn holten die Trabant gute Plätze heraus. Einen Doppelsieg in ihrer Klasse bei der Rallye Monte Carlo konnten Asmus/Piehler und Galle/Müller 1970 feiern, starten mußten sie in der Hubraumklasse bis 850 ccm. Es war die Zeit, in der der Rallyesport sich zum permanenten Hochleistungswettbewerb wandelte, kleinere Wagen kamen im Gesamtklassement nicht mehr nach vorn. Immer schlechter war es auch um die kleinen Hubraumklassen an sich bestellt, die Klasse bis 600 ccm wurde bei internationalen Veranstaltungen abgeschafft, die Klasse bis 850 ccm gab es bald auch nicht mehr überall, so daß den Trabanten manchmal nur die Klasse bis 1300 ccm blieb. International beachtenswerte Erfolge gab es 1980 mit einem zweiten Platz in der Klasse bis 850 ccm bei der Rallye Akropolis und mit dem 8. und 10. Gesamtrang bei der Rallye Saturnus in Jugoslawien 1987. In den sozialistischen Nachbarstaaten beherrschten die kleinen Flitzer ihre Klasse, was in Ermangelung von Konkurrenz allerdings kein Kunststück war. Mehr Beachtung fanden deshalb gute Plazierungen im Gesamtklassement osteuropäischer Rallyes vor Skoda, Moskwitsch, Dacia oder, was für die Sportabteilung in Zwickau am meisten zählte, Wartburg.

Wirkt ein Rallye-Trabant auf den Zuschauer am Wegesrand, der Lancia Delta oder Audi Quattro noch vor Augen und im Ohr hat, eher belustigend, so macht ein Renn-Trabant auf der Rundstrecke einen ganz anderen Eindruck. Das liegt zunächst einmal daran, daß die Trabanten dort unter sich sind und dann im Pulk von mehr als 30 Wagen über die Strecke hereinbrechen. In der von großer Begeisterung getragenen Motorsportszene in der DDR — am Sachsenring und am Schleizer Dreieck gab es Ende der achtziger Jahre mit 150 000 bis 200 000 Besuchern Zahlen wie zu besten Zeiten des guten, alten

Wettbewerbscockpit

Nürburgrings — sind die Tourenwagenrennen der Klasse bis 600 ccm sehr beliebt. Ausgereizte Technik bringt relative Chancengleichheit und das wiederum garantiert guten Motorsport. Auch wenn die Rennfans in der DDR gerne mehr und vor allem westliche Technik am Start ihrer Rennen sehen würden, auf die Trabantrennen lassen sie nichts kommen. Hier tummeln sich ausschließlich Privatfahrer, meist an Clubs angeschlossen, die auch den Wagen stellen. Auf die internationalen Felder des Tourenwagensports hat sich das Werk kaum einmal gewagt. Unter anderem endete ein Einsatz in Budapest in den späten sechziger Jahren vor den Augen der westlichen Presse so blamabel, daß man sich schnell zurückzog: Nach Überschlägen flogen die Karosserieteile einzeln ab, die Wagen brachen regelrecht zusammen. Das machte keine gute Presse im Ausland, man verzichtete schnell wieder auf die Großen Preise der Tourenwagen. Erfahrene Rennbesucher in der DDR nennen diesen Vorgang übrigens: „Die Pappe (der Trabi) zieht ihren Frack aus".

Sonderversion für den Rallyesport

TECHNIK IM RENNTRABANT

Bei Steffen Nickoleit hat der Trabant 70 PS. Mit diesem rasenden Zwerg wurde er 1987 DDR-Meister seiner Klasse im Straßenrennsport, wie man dort die Szene der Tourenwagenrennen nennt. In der Zeitschrift „Illustrierter Motorsport" ist das damalige Meisterauto ausführlich beschrieben: „Auch wenn es oft angezweifelt wird: Der Hubraum bleibt unverändert. Lediglich ein Ausschleifen der Zylinder ist erlaubt — um 1 Millimeter gegenüber dem Nullmaß. Zum Einsatz kommen Vier- oder Fünfkanal-Zylinder. Die serienmäßigen Überströmungskanäle werden enorm vergrößert und feinstens poliert. Für die Gemischaufbereitung sorgt dann ein BVF-M6-Vergaser mit 34 Millimetern Durchmesser, der sonst in Motorrädern seinen Dienst tut. Durch die Änderung der Drehschieberbleche entstehen scharfe Steuerzeiten. Die Verdichtung wurde erhöht, die Schwungmassen erleichtert." Motor und Getriebe wurden tiefergelegt, die Federn auf negativen Sturz getrimmt. Die Spur ist um 50 Millimeter breiter als im Serien-Trabant. Die generelle Abmagerungskur — reduzierte Innenausstattung nicht gerechnet — brachte 80 Kilogramm ein. So auf Trab gebracht fegt Nickoleits Trabi mit, bei entsprechender Übersetzung, 170 Kilometern in der Stunde über die Piste und zählt damit natürlich zu den Spitzenfahrzeugen im Feld. Respektabel angesichts der Kenndaten des Basismodells mit 26 PS und 108 Kilometern in der Stunde als Höchstgeschwindigkeit. Am Start sind in der DDR Trabanten der Gruppe N mit geringfügigen Veränderungen und solche der Gruppe A mit Wagen wie dem von Nickoleit als Krönung.

Für den Aufbau eines Wettbewerbsfahrzeuges sind nicht nur fleißige und versierte Clubhelfer nötig, sondern auch gute Beziehungen nach Zwickau. Motorsport in der DDR ist vor allem mühevolles Besorgen von speziellen Teilen. Trotz aller Schwierigkeiten haben die meisten Fahrer bis zum nächsten Start alles wieder beisammen.

Anders geht das Werk bei seinen Rallyeeinsätzen vor. Das Reglement für Welt- und Europameisterschaft erlaubt hier eine Hubraumvergrößerung. Der so entstandene Trabant 800 RS kommt auf 770 ccm und 65 PS, erreicht damit eine Endgeschwindigkeit von 135 km/h. In der DDR eingesetzte Rallye-Trabant begnügen sich mit 600 ccm, bis auf einen Werkswagen, der um die DDR-Meisterschaft fährt. Ausgeschrieben sind auch hier wie im internationalen Rallyesport die Gruppen N und A.

Auf einem dritten Feld ist seit den siebziger Jahren Trabant-Technik anzutreffen: im Auto-Cross. Die schrauberfreundliche Basis wird von begabten Bastlern gerne genommen, um das eigene Fahrzeug aufzubauen. Dieser Sport findet immer neue Freunde in der DDR. Hier kommt es in der Hauptsache auf die eigene Arbeit an, das Besorgen teuren Materials ist reduziert. Gebaut werden muß aber kräftig, schließlich wandern im Falle des Trabant Motor und Antrieb nach hinten. 37 bis 50 PS bringen die Trabant-Crossies in den Sand.

Bunte Aufkleber gehören überall zum Motorsport

Motorraum der Wettbewerbsversion

PRESSESPIEGEL: KRITIK UND TABUS

Autozeitschriften sind in der DDR so beliebt wie anderswo. Drei an das allgemeine Publikum gerichtete Blätter gibt es, „Der Deutsche Straßenverkehr", „Kraftfahrzeugtechnik" und „Illustrierter Motorsport". Zeitschriften aus dem Westen sind seit Herbst 1987 nicht mehr verboten, werden im Land aber auch nicht vertrieben. Sie sind seit jeher äußerst begehrt bei den Autofreunden in der DDR.

Die drei eigenen Zeitschriften nahmen bislang in der DDR-Presse insofern eine Sonderstellung ein, als sie mit wenig parteitreuen Pflichtbeiträgen auskommen. Jede auf ihrem Gebiet — der „Straßenverkehr" vornehmlich in der Verkehrserziehung, dem Thema der Umweltverträglichkeit des Verkehrs und Serviceratschlägen, die „Kraftfahrzeugtechnik" mit Fachaufsätzen und allgemeinverständlichen Fachbeiträgen aus der gesamten Autowelt und „Illustrierter Motorsport" eben mit dem Sport, vornehmlich dem in der DDR — bemühen sich die Redaktionen bei der eigentlichen Sache zu bleiben. Über neue Produkte und Entwicklungen des Westens wird ohne Gehässigkeit — aber mit großer Zeitverzögerung — berichtet, an den Fahrzeugen der eigenen Industrie vorsichtig auch Kritik geübt. Wer die Medien der DDR kennt — jedenfalls bis zu jenen ereignisreichen Wochen im Oktober 1989 — , weiß, daß dies schon eine ganze Menge ist.

Aus diesen Gründen sind die DDR-Autozeitschriften so populär, der „Straßenverkehr" derart, daß über das Impressum seit vielen Jahren mitgeteilt wird: „In der DDR werden zur Zeit keine Abonnementbestellungen entgegengenommen." Punktum. Papierknappheit begrenzt die Auflage, die Verbreitung über den Kiosk ist unregelmäßig.

Das Thema Trabant zieht sich durch alle Jahrgänge der drei Zeitschriften. Die Redaktionen gehen dabei ähnlich wie die im Westen vor, Neuerungen werden meist kritiklos begrüßt, beim Testbericht aber verstummt der Jubel, im Detail geht es Punkt für Punkt um Lob oder Tadel. Zwei Themen sind allerdings in der DDR tabu: Die Preispolitik des Staates wird nicht kommentiert, die Frage, ob der Trabant 12 000 Mark wert ist, ist keine Frage für die Presse im Sozialismus. Ebenso verhält es sich mit den Lieferfristen, zwei Bereiche also, die den Autofreund in der DDR ständig beschäftigen.

Im „Straßenverkehr" ist der 601 kurz nach seinem Erscheinen getestet worden. Gewissenhaft hat die Redaktion sich das Auto vorgeknöpft und nicht nur Gutes entdeckt. Einige Beispiele: „Der Kühlergrill aus Streckmetall ist jedoch das unpraktischste, was man sich an einem Auto denken kann. Die scharfen Kanten der Maschen zerreißen den besten Schwamm, auch, wenn man nur leicht darüber hinwegwischt. Sie zerfetzen auch jede Bürste, falls man versucht, den Schmutz und die Insektenreste von der Fläche hinter dem Grill zu entfernen.........." „Angesichts der schräg gestellten Ostereier für den Lufteintritt, die den beabsichtigten optischen Eindruck ohnehin zerschlagen, ist jedoch an dieser Vorderansicht kaum noch etwas zu verderben. Wir halten dem Werk zugute, daß Streckmetall deshalb gewählt wurde, weil es den geringsten Materialaufwand erfordert und sehr billig herzustellen ist. Das erreichte Bild ist leider entsprechend und stellt eine Aufforderung für alle Bastler dar....." Oder im Rückblick auf den vergangenen 600: „Die Vorteile der voll versenkbaren Kurbelfenster lernt man erst richtig schätzen, wenn man sich jahrelang über klemmende und im Winter eingefrorene Führungen der bisherigen Schiebefenster geärgert hat." Effektvoller Schlußsatz des Testberichtes: „Übrigens hat es uns vor lauter Ergriffenheit beinahe die Sprache verschlagen, als wir im Bordwerkzeug einen Kreuzschlitzschraubenzieher fanden! Offenbar hat sich Sachsenring Zwickau nun doch vorgenommen, seine Kunden auch auf diesem Gebiet zufriedenzustellen."

Hartnäckig gingen die Tester von „Kraftfahrzeugtechnik" vor, als sie sich um das Thema der Sicherheitsgurte im Trabant anläßlich einer Beurteilung des Universal in Heft 1/81 kümmerten: „1. Die zugesagte Überarbeitung der Gurt-Betriebsanleitung liegt noch im-

Im Mai 1990 wird – wie bereits in der Tagespresse gemeldet – die Serienproduktion des Trabant 1.1 mit Viertakt-Ottomotor beginnen. Mit dem neuen Fahrzeug wurden mehrere Ziele verfolgt, in erster Linie geht es um
- *die Erhöhung der Gebrauchseigenschaften,*
- *eine Senkung des Kraftstoffverbrauches,*
- *mehr Umweltfreundlichkeit,*
- *Funktionssicherheit und geringen Instandhaltungsaufwand.*

Trabant 1.1

MIT VIERTAKT-MOTOR

LEISTUNGSZUWACHS

KNÜPPELSCHALTUNG

VORN SCHEIBENBREMSEN

ELEKTRIK/AUSSTATTUNG

Das Frontmittelteil *bekam auffällige Durchbrüche für den Lufteintritt. Dahinter liegt der Kühler. Die Motorhaube (Blech) ist im Vorderbereich abgekantet (Bauhöhe des Motors!).*

Am Heck *charakterisieren der Plaststoßfänger, die neuen Heckleuchten und der Tankverschluß den Trabant 1.1. Ein Rückfahrscheinwerfer und eine Nebelschlußleuchte wurden in die Heckleuchten integriert (rechts bzw. links).*

Blick in den Motorraum: *Die Querblattfeder des 601 mußte McPherson-Federbeinen weichen, um Einbaufreiheit für das Viertakt-Triebwerk zu gewinnen und neue Fahrwerksqualitäten zu erreichen.*

1 – Ausgleichsbehälter des Kühlmittels,
2 – Frischlufteintritt am Heizungsaggregat (Gebläse direkt unterm Sieb),
3 – Vergaser,
4 – Ansaug-Luftfilterkasten,
5 – Mischeinrichtung für Temperaturregelung der Ansaugluft,
6 – Zahnriemengehäuse,
7 – Öleinfüllöffnung,
8 – Zündverteiler auf der [illegible]enwelle,
9 – Abgaskrümmerabd[illegible] Warmluft zur Ansauganlage,
10 – Elektrolüfter am Kühler

8 10/89 DER DEUTSCHE STRASSENVERKEHR

FOTOS: PKW-KOMBINAT

10/89 DER DEUTSCHE STRASSENVERKEHR 9

Der technische Fortschritt des Trabant 1.1 dargestellt in der Zeitschrift „Der Deutsche Straßenverkehr"

mer nicht gedruckt vor. Die bisherige Betriebsanleitung von Doblina (dem Gurthersteller/d. Verf.) halten wir in diesem Punkt (Sitz des Gurtes/d. Verf.) für nicht aussagekräftig.

2. Unserem Testwagen lagen alle möglichen Zusätze zur normalen Betriebsanleitung bei (Radio, Antenne, Zweikreisbremsanlage, Nebelschlußleuchte usw.), aber keinerlei Betriebsanleitung für die Gurte.

3. Ein Kontrollgang zum Endmontageband ergab die gleiche Situation wie Ende 1979: es sind bereits wochenlang keinerlei Gurthinweise beigegeben worden, weder die alten noch etwa die neueren in bearbeiteter Fassung. Offenbar fühlt sich auch niemand für diese Frage verantwortlich.

Diese Nachlässigkeit gerade in jenem Werk, in dem man sich so intensiv um die Einführung der Gurte und um ihre Tragpflicht bemüht hat, ist, gelinde gesagt, unverständlich.„

Im Schlußsatz stellt die Zeitschrift Forderungen an die zukünftige Entwicklung des Wagens: "An vorderer Stelle im Katalog der technischen Forderungen sollten unserer Meinung nach stehen: 12V-Elektrik, Sicherheitspaket mit Scheibenbremsen an den Vorderrädern, Schraubenfedernfahrwerk und Karosseriekorrekturen.....„ Die 12-Volt-Anlage kam 1984, die Schraubenfedern, nur hinten, 1986.......

Etwas vorsichtiger ist der „Straßenverkehr" in seinem Test des 601 S de luxe in Heft 3/82. Dem sehr detaillierten und gewissenhaften Bericht stellt die Redaktion folgende allgemeine Überlegung voran: „Ein Fahrzeug, daß rund 20 Jahre fast unverändert produziert wurde und das etwa die Hälfte aller in unserem Lande zugelassenen PKW ausmacht, läßt sich nicht nur mit den üblichen technischen Maßstäben messen. Vergleiche mit anderen PKW, deren Konstruktionen wesentlich jüngeren Datums sind, können nicht zugunsten des technisch älteren Typs ausfallen, und in Form und Aussehen löst eine zwei Jahrzehnte lang produzierte Karosserie keinen Jubel mehr aus, weil sich alle schon daran sattgesehen haben."
In den westlichen Autozeitschriften hat der Trabant nie große Resonanz gefunden. Pflichtgemäß wurde über den Importversuch von Karl-Heinz Meller berichtet, in katalogartigen Auflistungen taucht der Wagen regelmäßig auf. Manchmal fiel es den Redaktionen dabei schwer, Trabant und Wartburg richtig einzuordnen: Bei der turnusmäßigen Aufstellung „Deutsche Autos" wurden sie leicht vergessen (der alte Irrtum, Deutschland mit Bundesrepublik gleichzusetzen, war wieder einmal durchgeschlagen), wurden die ausländischen Autos vorgestellt, passten sie natürlich auch nicht.
Weil es all die Jahre so wenig zu berichten gab über Autos aus der DDR, machten sich die Redaktionen manchmal die Autos selber. Die „auto zeitung" berichtete zu Beginn der siebziger Jahre über den Prototypen eines Trabant mit Skodamotor. Die Zeichnung erinnert an den Fiat 850. Worauf der Entwurf fußt, bleibt unklar. Die Schweizer Automobil-Revue brachte in Heft 46/83 eine ganze Liste von Stylingvorschlägen für Autos aus östlicher Produktion. Ein jugoslawischer Designer hatte sich Gedanken gemacht- und sich Wartburg, Trabant und den russischen Saporoshez fast gleich aussehend vorgestellt, nämlich als kleine Kombilimousine, ganz ähnlich dem Yugo 45 — Zufall?
Zur begehrtesten Autoliteratur in der DDR — die Auswahl ist sehr bescheiden — gehörten die Jahrbücher „Motor Jahr" aus dem Berliner Transpress-Verlag. 1988 wurden sie eingestellt, nachdem sie schon nicht mehr jedes Jahr und generell in viel zu kleiner Auflage erschienen waren. Andere Publikationen sollen sie ersetzen. In den letzten Ausgaben dieser Bücher ist wiederholt von der Zukunft von Wartburg und Trabant die Rede. In der Ausgabe '86 wird im Rahmen einer allgemeinen Typenübersicht, die positive Grundhaltung zum einheimischen Produkt nicht aufgebend, die Epoche der Viertaktmotoren angekündigt: „Die beiden DDR-PKW Trabant und Wartburg haben den Frontantrieb seit Anfang an. Ihre Zweitakt-Otto-Motoren gehören vom Fertigungsaufwand nach wie vor zu den kostengünstigsten Antriebsaggregaten. Erstaunlich ist, was trotz der verfahrensbedingten Nachteile vor allem durch Maßnahmen bei der Gemischbildung an Verbrauchseinsparung in der letzten Zeit noch zu erreichen war. Nun kündigt sich aber in den nächsten Jahren eine international vergleichbare Alternative an. Erfreulich, daß bei den in Lizenz übernommenen Motoren auch die Dieselausführung enthalten sein wird, jenes Verbrennungsverfahren, das die besten Voraussetzungen für eine deutliche Verbrauchsreduzierung bietet...."
Konkreter wird der bekannte Fachautor Peter Kirchberg in seinem 1985 erschienenen Buch „Horch Audi DKW IFA — 80 Jahre Autos aus Zwickau". Er schreibt: „Seit den 70er Jahren ging es mit dem Trabant in kleinen Schritten weiter — Ausdruck der Tatsache, daß Vervollkommnung nur noch im Detail möglich war. Die konstruktive Weiterführung hatte bereits damals zur Erkenntnis geführt, daß ein neuer Fahrzeugtyp erforderlich gewesen wäre. Stärkerer Motor, höheres Platzangebot, besseres Geräuschverhalten und vor allem niedrigerer Kraftstoffverbrauch waren ebenso wenig wie mehr Umweltfreund-

lichkeit oder auch günstigeres Fahrverhalten durch Herumbasteln am mittlerweile jahrzehntealten Grundtyp, sondern viel besser durch eine Neuschöpfung zu erreichen. Ausdruck dafür waren zahlreiche Prototypen, die als „Erlkönige" auf unseren Straßen gesichtet wurden, mit technischem Code wie P 100, P 603, P 610 usw. versehen und teilweise sogar schon mit populären Spitznamen wie beispielsweise „Hängebauchschwein" bezeichnet.

Die Nichtübernahme dieser teilweise außerordentlich gut gelungenen und weltstandsgerechten Konstruktionen in die Serienproduktion war im wesentlichen auf volkswirtschaftliche Überlegungen zurückzuführen, zu deren Schwerpunkten die Trabantfertigung immer weniger gehörte....."

Knappe Worte um eine wichtige Mitteilung: So stand es in den Tageszeitungen der DDR im Sommer 1989

„Trabant" mit Viertakt-Ottomotor

Mitteilung des Generaldirektors des IFA-Kombinates Personenkraftwagen

Karl-Marx-Stadt (ADN). Wie der Generaldirektor des IFA-Kombinates Personenkraftwagen, Dieter Voigt, mitteilte, wird die Aufnahme der Serienproduktion des neuen TRABANT 1.1 mit 4-Takt-Ottomotor im Mai nächsten Jahres gegenwärtig von den Werktätigen des VEB Sachsenring Automobilwerke Zwickau gemeinsam mit ihren Zulieferern vorbereitet. Bereits in diesem Jahr werden 1 000 Fahrzeuge einer Vorserie hergestellt, um sowohl Fahrzeug als auch Technologie weiter zu vervollkommnen. Diese Pkws werden an Automobilbauer des Bezirkes Karl-Marx-Stadt verkauft, damit die aus der Fahrpraxis gewonnenen Erkenntnisse unmittelbar genutzt werden können. Der bekannte TRABANT P 601 wird weiter produziert und zum bisherigen Preis an die Bevölkerung verkauft. Schrittweise erhöht sich dann in den nächsten Jahren die Produktion des Viertakters.

Ziel der Neu- und Weiterentwicklungen beim TRABANT 1.1 waren in erster Linie höherer Gebrauchswert, Senkung des Kraftstoffverbrauches, Umweltfreundlichkeit, geringerer Instandhaltungsaufwand und hohe Funktionssicherheit. Im Vergleich zum Trabant mit 2-Takt-Motor wurden mehr als 720 Baugruppen und Einzelteile neu- und weiterentwickelt. Neu sind vor allem der 1.05-Liter-Motor aus Eigenproduktion auf Basis einer VW-Lizenz einschließlich Kraftstoff-, Ansaug- und Abgasanlage sowie ein automatisch arbeitender Startvergaser mit elektronisch gesteuerter Schubabschaltung. Die Fahrzeuge verfügen über ein vollsynchronisiertes 4-Gang-Getriebe mit handlicher Knüppelschaltung. Neu entwickelt wurden auch Vorder- und Hinterachse mit Schraubenfedern, die 2-Kreisbremsanlage mit Scheibenbremse vorn und Trommelbremse hinten sowie die Flüssigkeitskühlung mit Frontkühler und Elektrolüfter.

Die Leistung des Motors steigt im Vergleich zum 2-Takter von 19,1 auf 30 kW bzw. von 26 auf 40 PS. Er ermöglicht dem Fahrzeug eine bessere Beschleunigung bei hoher Laufkultur. Die Höchstgeschwindigkeit liegt bei 125 km/h. Mit Testfahrzeugen wurden bisher rund 2,8 Millionen Kilometer zurückgelegt. Der dabei gemessene Streckenkraftstoffverbrauch beträgt 6,0 l/100 km. Eine Gebrauchswertsteigerung ergibt sich neben verbessertem Komfort auch aus der höheren Grenznutzungsdauer der neuen Hauptbaugruppen von 150000 km. Mit der Produktion des TRABANT 1.1 sind erhebliche volkswirtschaftliche Aufwendungen verbunden. Allein aus der Zulieferindustrie kommen 340 neue Teile, von denen die meisten auf neu errichteten und z. T. importierten Anlagen produziert werden.

Im VEB Sachsenring Automobilwerke Zwickau wurden das Blechpreßwerk und die Getriebeproduktion erweitert. Im Betriebsteil Mosel werden schrittweise neue Kapazitäten für die Montage und die Lackiererei in Betrieb genommen.

Der Preis für den TRABANT 1.1 Limousine in Grundausführung beträgt einschließlich solcher Ausstattungselemente wie Radialreifen, heizbare Heckscheibe und Kopfstützen 19865,- Mark. Im Angebot werden außerdem zwei weitere Ausstattungsvarianten sein. Für einen Aufpreis werden diese Fahrzeuge u. a. mit Automatiksicherheitsgurten vorn, ausstellbaren Fondsfenstern, Kofferraumauskleidung, veränderter Innenausstattung und Nebelscheinwerfern geliefert. Zur Leipziger Herbstmesse 1989 wird der neue TRABANT 1.1 noch nicht ausgestellt. Seine Präsentation erfolgt erst nach Überführung in die Serienproduktion.

HOCHGLANZBILDER NICHT FÜR JEDEN

Bei so viel Ballons ist natürlich kein Platz mehr zum Zusteigen. Ein Poster von 1967

Verkaufsprospekte für ein Auto, das gar nicht frei verkauft wird? Es gibt sie, Prospekte vom Trabant, vom Anfang bis heute. Der bescheidene Export in westliche Länder hat es möglich gemacht, daß der Sammler sich vom Trabant ein kleinen Schatz anlegen kann, der in nichts den Unterlagen über westliche Autos nachsteht. Beim Blättern mag man fast vergessen, daß alle werbenden Sprüche nicht für das Feld der Hauptinteressenten gelten sollten, sondern nur für die kleine Schar devisenbringender Kundschaft in anderen Ländern. Außerdem dürften die Prospekte zur Selbstdarstellung des Werkes herumgereicht worden sein.

„Sie wünschen einen kleinen Wagen, der für ihre beruflichen Fahrten im Alltag ebenso geeignet ist wie für fröhliche und erholsame Reisen ins Wochenende und in den Urlaub. Leistungsfähig, zuverlässig und wirtschaftlich soll dieses Fahrzeug sein, aber zugleich auch modern und mit jenem Maß an Komfort ausgestattet, welches das Autofahren zur wirklichen Freude macht. Mit dem TRABANT wurde dieser Wagen für Sie geschaffen!"

Das wird dem Interessenten in der DDR wie Hohn in den Ohren geklungen haben, falls er den Prospekt aus den ersten Trabant-Jahren überhaupt je zu Gesicht bekommen hat. Wahrscheinlich nicht, denn für den Binnenhandel hatte der IFA-Vertrieb ganz einfache Informationsblätter zur Hand, mehr war nicht nötig bei dieser Nachfrage!
Aber anderswo, meist in nord- und westeuropäischen Ländern, eine kurze Zeit auch in der Bundesrepublik, mußte geworben werden. Ganz im Stil der Zeit entwarfen die Grafiker schöne Seiten. Die Familie — mehr als zwei Kinder durfte sie natürlich nicht haben — geht auf den netten Kleinen zu, die Urlaubskoffer in der Hand, was kann es Schöneres geben? Hell leuchtend fährt der Trabant durch den dichten Verkehr, vorbei an in Dunkel gehüllten Autos. Deren Konturen erinnern übrigens an andere Autos aus DDR-Produktion (man glaubt, den Prototyp des IFA L1, eines nie in Serie gegangenen Kleinbusses, zu entdecken. Ob der Zeichner ihm ein Denkmal setzen wollte?)
Ganz wie ihre Kollegen im Westen versäumten es die Gestalter der Trabant-Prospekte auch nicht, den Innenraum des Wagens größer darzustellen als es den Tatsachen entsprach. So bequem wie im Bild dürfte es auf der Rückbank des ersten Trabant nicht gewesen sein. Es entsprach dem Stil der Zeit, keine Fotos, sondern nur Zeichnungen zu verwenden. Gemalt ist die Welt eben schöner.
Allerdings werden die Zeichnungen mit der Zeit realistischer. In einem aufwendigen Prospekt für den 600 gefällt insbesondere die Idee, den Wagen unter der Lupe darzustellen und dabei auf elegante Weise die technischen Daten zu vermitteln. Daneben ist der Wagen zu sehen, wie er eine Paßstraße erklimmt. Dieser Aspekt war in den fünfziger Jahren und auch noch etwas danach sehr wichtig, denn es war nicht selbstverständlich, daß ein Kleinwagen jeden Berg klaglos hinauffuhr (und heil wieder herunterkam).

Ab in die Ferne und die Weite genießen.....

So fing einst alles an. Das Deckblatt des ersten Trabant-Prospektes

In den letzten Prospekten ist der Trabant 600 auch in Fotos abgebildet. Großformatig ist das Blatt jetzt angelegt, zur Darstellung des Innenraums muß ein Weitwinkelobjektiv herhalten.

Versachlicht wird der neue Trabant 601 dem Interessenten vorgezeigt. Elegante Damen sind zwischen die neuen Wagen plaziert — es fällt überhaupt auf, daß in Prospekten aus der DDR wie überall auf der Welt schöne Frauen die Autos zieren, ungeachtet der sonst im Sozialismus immer wieder geäußerten Kritik solcher Darstellungsweise im Westen. Bei der in der DDR propagierten Gleichberechtigung der Frau dürfte ihre (wenn auch dezente) Darstellung als Lustobjekt eigentlich nicht vorkommen. Aber, was soll's, der DDR-Bürger hat sich daran gewöhnt, mit solchen Widersprüchen zu leben. Ab Mitte der achtziger Jahre taucht dieses Element in den Prospekten nicht mehr auf. Zufall oder Einsicht? Der erste Verkaufsprospekt des 601 ist ein schön und aufwendig gemachtes Druckwerk, mit Einlegeblättern zur Erläuterung „Modern, vollwertig und rationell", „Bequem im Stil unserer Zeit", „Kraft und Temperament", „Funktion in Form und Einheit" und schließlich „Für besondere Ansprüche"..

Aus dieser Zeit stammt der einzige Prospekt des Trabant für die Bundesrepublik. Verständlicherweise sind in ihm andere Punkte angesprochen als im Prospekt des Werkes. Die Preise von 3190 DM (Limousine) und 3680 DM (Universal) stehen im Mittelpunkt, betont wird die Wirtschaftlichkeit und Genügsamkeit in der Unterhaltung. Vom „fortschrittlichen Automobiltyp", wie der Werksprospekt berichtet, schweigt die Information des westdeutschen Importeurs vorsichtshalber. Die bunten Blätter aus Zwickau berichten im Detail und in sachlicher Aufmachung über die Neuerungen im Trabant und verweisen am Schluß auf Rallyeerfolge.

Sprüche aus der DDR, die niemand glaubte. Großzügig war wohl nur der Werbetexter.....

25 Jahre DDR
25 Jahre
zuverlässiger
Handelspartner
Modern und großzügig –
so präsentiert sich jedem Besucher
die Hauptstadt der DDR.
Modern und großzügig präsentiert sich auch
als Kleinwagen der Trabant 601.
Wie die DDR ist auch er international
geachtet und weltweit anerkannt.
Mit seiner Wendigkeit und seiner aus-
geglichenen modernen Form,
gehört er heute in jedes Straßenbild.
25 DDR
TZ 31-99

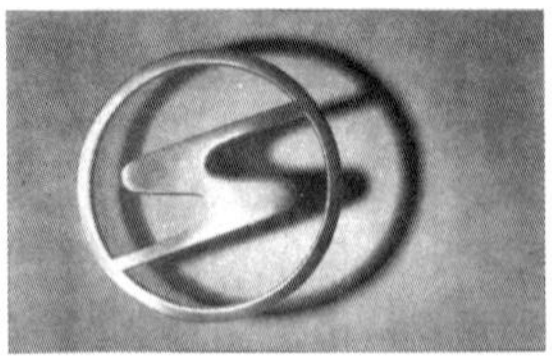

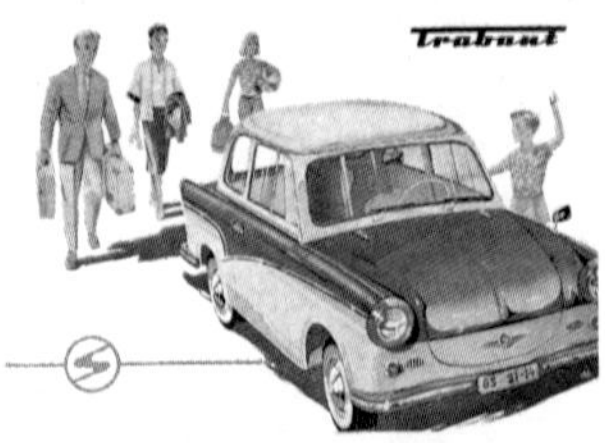

Ein kleines Heft mit dem Titel „Trabant 601 Technik-Tips" richtete sich tatsächlich an den Besteller in der DDR. Schon die realistische Einleitung „Sie haben Interesse für Kraftfahrzeugtechnik (sonst hielten Sie doch nicht dieses Heftchen in der Hand), und ob Sie erst einen Wagen bestellen oder schon in nächster Zeit stolzer Autobesitzer sind — jedenfalls wollen Sie noch einiges über den Trabant 601 „erfahren" — ...." grenzt die Zielgruppe klar ein.
Eine Reihe origineller Fotos aus dem Studio ziert den Prospekt aus dem Jahre 1972, wie die meisten von der Dewag Dresden, Regiegruppe Fahrzeugbau, gestaltet. Interessante Licht- und Farbeffekte machen ein Schmuckstück aus dem Faltblatt. Dieselben Motive wurden auch in einer Sammelmappe herausgegeben und an Freunde des Hauses verschenkt. Auf der Rückseite des Prospektes zieht ein Rallye-Trabi schneidig durch die Kurve, das Deckblatt ziert das Sachsenring-S.
Zum 25-jährigen Bestehen der DDR im Jahre 1974 gibt sich der Trabant international. Wegweiser nach Praha, Budapest und Warsawa locken auf dem Deckblatt in die eingegrenzte Ferne. Andere Ziele wollte man wohl nicht angeben, um wegen deren Unerreichbarkeit für DDR-Bürger keinen Widerspruch zu provozieren. Die Damen tragen übrigens jetzt Minirock oder Hot Pants, sind aber immerhin in Herrenbegleitung. Künstlich wirkt der Effekt, die Qualitäten des Trabant mit dem kalten Charme der Hauptstadt der DDR zu verbinden. „Modern und großzügig, so präsentiert sich jedem Besucher die Hauptstadt der DDR. Modern und großzügig präsentiert sich auch als Kleinwagen der Trabant 601". Ein Zitat aus dem Jahre 1974!
Eine ganz neue Idee verwirklichten die Werber in einem Prospekt von 1977. Der bekannte und erfolgreiche Rallyefahrer Franz Galle stellt in dem Faltblatt den Wagen Schritt für Schritt vor in direkter Ansprache. Freilich kann er sich typischer DDR-Sprüche nicht enthalten: „Das Zeugnis zufriedener Käufer, ausgestellt den Arbeiterinnen und Arbeitern, Ingenieuren, Technikern und Ökonomen (Anmerkung des Verfassers: wieso ihnen, sie haben doch wohl nur mit dem Rotstift agiert), ist ehrenvoll für uns und verpflichtend zugleich."
Auch das Sondermodell Tramp („Das Fahrzeug für Freizeit, Sport und Beruf") bleibt nicht ohne Verkaufsprospekt. Abgebildet ist sogar die Armeeversion. Ob da die Spionageabwehr nicht aufgepaßt hat? Der Tramp in Armeefarben hat übrigens, jedenfalls in der Ausführung von 1983, das alte Armaturenbrett des 601, während der Export-Tramp mit dem neueren ausgestattet ist.
Kluge Zurückhaltung übt das Werk im aktuellen Prospekt des Zweitakt-Trabant. Er stammt aus dem Jahre 1986 und zählt geschickt die wirklichen Stärken des Wagens auf: „Ihr ständiger Begleiter in Freizeit, Urlaub und Beruf mit Platz für 4 Personen und großem Gepäckraum". Oder :„Ein servicefreundliches Auto, problemlos und unkompliziert. Fachleute schätzen ihn deshalb." Das sind ehrliche und zutreffende Aussagen im Gegensatz zu folgenden:„ Ein Auto, das allen Ansprüchen gerecht wird" oder sogar:„Ein dichtes Servicenetz im In- und Ausland sorgt mit seinem geschulten Personal für die ständige Einsatzbereitschaft Ihres Pkw Trabant". Das Heer der Trabantfahrer in der DDR kann da anderes berichten. Aber für sie sind die Prospekte ja auch nicht gemacht.

Trabant 601 universal - eine Mehrzweckvariante für hohe Ansprüche

Der Trabant erschließt Urlaubsfreuden, wenn auch eingegrenzte. Ein Prospekt aus dem Jahre 1974

CLUBLEBEN MIT DEM TRABANT

Straßenszene mit Trabant im Racing-Look

Ein wenig im luftleeren Raum geht die Interessengemeinschaft Wartburg, Trabant, Barkas in der Bundesrepublik ihrer Arbeit nach. Von den Mitgliedern anderer Markenclubs oft belächelt und von den Werken des Herstellerlandes ignoriert haben die 68 Mitglieder (Stand: September 1989) dennoch ihre Freude an Fahrzeugen aus Sachsen und Thüringen nach 1945. Oft waren der klassische Wartburg 311 und seine Ableitungen der erste Schritt, sich mit diesen Autos zu befassen, der eine oder andere Barkas fand sich ein und natürlich auch der Trabant. Mitglieder der Interessengemeinschaft haben zusammen 35 Trabant 601 und zwei Trabant 500 in der Garage und bilden damit in dem 122 Autos starken IG-Fuhrpark das zweitgrößte Kontingent nach den dominierenden Wartburg 311 und 353. Zehn Barkas sind ebenfalls vertreten.

Ein Oldtimerclub im eigentlichen Sinne ist die IG natürlich nicht, die Pflege der Fahrzeuge umfasst auch Neuwagen. Treffen im Frühjahr und im Herbst jeweils mit Teilemarkt, Versorgung mit neuen und gebrauchten Ersatzteilen und mit Literatur sowie technische Hilfe zählen zu den Aufgaben der IG wie überall. Das Forschen nach raren Teilen eines Fahrzeuges ausgelaufener Produktion ist nur etwas kniffliger als bei vielen anderen Clubs. Denn die Resonanz aus den Herstellerwerken in Eisenach und Zwickau ist gleich null. Hat man dort etwas gegen die IG in der BRD? IG-Vorsitzender Martin Habersack weiß es nicht, er fragt sich aber, warum Post nicht beantwortet wird, warum es überhaupt keine Unterstützung aus der DDR gibt. Man wäre für jeden Tip erfahrener Praktiker aus dem Werk dankbar. Westliche Firmen haben den erheblichen Beitrag der Oldtimerpflege zur Verbesserung des Markenimages längst erkannt. Ob sich in Zukunft auch in diesem Punkt in der DDR etwas bewegt?

Die Mitglieder der IG kommen fast alle aus der Bundesrepublik, einzelne aber auch aus der Schweiz, Dänemark, Belgien und den Niederlanden. Und einer lebt in der DDR. So gibt es — vermutlich — immerhin Ratschläge aus der harten Alltagspraxis der DDR-Autos. Das vierteljährlich erscheinende „IFA-Journal" unterrichtet die Mitglieder über Aktivitäten der IG und über Neuigkeiten der Marken, ein „Zwischen-Info" überbrückt die Zeit, vor allem mit seinem Teilemarkt.

Gerade die Frage, ob der Trabant 601 ein Oldtimer oder ein reines, möglicherweise neuwertiges Gebrauchsfahrzeug ist, macht eine Preisschätzung schwierig. Nach den Erfahrungen der IG sind die Preise trotz des Aufmerksamkeitswertes durch die Fluchtwelle im September 1989 nicht angestiegen. Im Gegenteil, Notverkäufe der Übersiedler treiben die Preise nach unten. Daran konnten im Zusammenhang mit der Fluchtwelle spektakuläre Trabant-Anschaffungen verschiedener Museen, darunter des Deutschen Museums in München, nichts ändern. Ein ein Jahr alter Trabi brachte vor der großen Welle maximal 3000 DM, für zehn Jahre alte oder noch ältere Fahrzeuge rechneten die Experten der IG mit nicht mehr als 800 bis 1000 DM. Der Universal lag dabei immer etwas darüber. Wie die Preise sich entwickelt haben werden, wenn die Folgen der Fluchtwelle nicht mehr spürbar sind, läßt sich bis dato noch nicht abschätzen.

Der Trabant im Maßstab 1:87. Kein Modell der Spitzenklasse, aber immerhin

Anders sieht es mit dem P 50, dem 500 und 600 aus. Sie sind bereits Liebhaberfahrzeuge. Von ihnen wurden allerdings schon viele Jahre lang in der Bundesrepublik keine Fahrzeuge mehr angeboten, so daß keine Preiserfahrungen vorliegen. Dasselbe gilt für den Trabant-Vorgänger P 70.

In der DDR ist der Trabant dermaßen in den Alltagsablauf verstrickt, daß niemand auf die Idee kommt, von einem Sammlerstück zu sprechen. Oldtimerbegeisterung in der DDR bezieht sich bei Nachkriegsfahrzeugen auf den IFA F8 und F 9 — hierzu gibt es auch einen Club — und auf den P 70. Ganz vorsichtig wird hier und da schon ein Wartburg 311 für später geschont, beim P 50 dürfte es auch nicht mehr lange dauern. Manches ändert sich: Mit der Eröffnung des Zwickauer Werksmuseums, geplant für das Jahr 1990, wird der Trabant auch in der DDR museumsreif, bis hin zum nagelneuen 601.

Nicht ehrenamtlich, sondern hauptberuflich beschäftigt sich Manfred Schmidt in St. Augustin bei Bonn mit den Trabant: Seine Werkstatt gilt als einzige in der Bundesrepublik, er repariert neben Trabant auch Wartburg und im Hauptgeschäft Lada und Skoda. Hier sind auch Ersatzteile zu bekommen.
Außerdem handelt die Firma W & S Autoimportgesellschaft in Hannover mit Trabant-Ersatzteilen. 89 Prozent des Umsatzes machen übrigens Rücksendungen in die DDR aus. Aber auch hier ist das Wartburg/Trabant-Geschäft nur Nebensache.

ADRESSEN:

Interessengemeinschaft Wartburg Trabant Barkas
Vorsitzender: Martin Habersack
Am Rosenrain 13
6411 Künzell 6
0661/34 605

Kraftfahrzeugwerkstatt
Manfred Schmidt
Richthofenstraße 32
5205 St. Augustin 2 (Hangelar)
02241/29460

W & S Autoimportgesellschaft mbH
Sutelstraße 65
3000 Hannover 51
0511/6498211

Technische Daten

	P 50	500	600	601	1.1
Motor	Zweizylinder-Zweitaktmotor, quer zur Fahrtrichtung eingebaut, luftgekühlt, Einlaßdrehschieber				Reihenvierzylinder-viertaktmotor, quer eingebaut, wassergekühlt, obenliegende Nockenwelle, über Zahnriemen angetrieben
Hubraum	500	500	600	600	1050
PS	18	20	23	23 (ab 4/74:26)	40
bei U/min	3750	3900	3900	3900 (ab 4/74:4200)	****
Bohrung	66	66	72	72	****
Hub	73	73	73	73	****
max. Drehmoment	4,5	4,5	5,2	5,2	*****
bei U/min	2500	2750	2750	2750 (ab 4/74:3000)	****
Verdichtung	1:6,7	1:7	1:7,6	1:7,6	****
Gemisch-aufbereitung	1 Flachstromvergaser				****
Kurbel-wellenlager	3	3	3	3	5
Schmierung	Gem. 1:25	1:33	1:33	1:33 (ab 4/74:1:50)	****
Tankinhalt	24	24	24	24 (ab 1/72:26)	28
Licht-maschine	180 W	220 W	220 W	220 W	740 W
Batterie	6 V/56 Ah (ab 10/83 12V/xx)				12V/44 Ah
Kraftübertragung:	Frontantrieb, Einscheibentrockenkupplung, Vierganggetriebe, synchronisiert ab 9/62, Freilauf im IV. Gang, ab 3/65: Kupplungsautomat Hycomat auf Wunsch, Achsantrieb 4,92 (ab 9/62: 4,33/ab 10/74 3,95)				
Fahrwerk:	Plattformrahmen, Duroplastkarosserie mit Stahlblechgerippe				
Vorderrad-aufhängung	Querlenker unten, Querfeder oben				McPherson-Federbeine, Querlenker Stabilisator
Hinterrad-aufhängung	Querlenker unten, Querfeder oben				(ab 10/86 Schraubenfedern und Lenkerarme)
Lenkung	Zahnstange				
Bremsen	Trommeln				Scheiben vorn
Radstand	2020 mm				
Spurweite vorne	1200	1200	1206	1206	1206
Spurweite hinten	1240	1240	1255	1255	1206
Außenmaße	3361×1493×1460 (Kombi:3400×1493×1460)		3555×1504×1437 (Universal:3560×1510×1467)		
Wendekreis	10 Meter				
Leergewicht	620 kg (Kombi 650 kg)		620 kg (660 kg)		****
Zulässiges Gesamtgewicht	950 kg (Kombi 1000)		1000 kg (1040 kg)		****
Höchst-geschwindig-keit (Kombi/Universal)	90 km/h	95 (90)	100 (95)	100 (95) 9/69:105 (100) 10/74:108 (103)	125
Beschleu-nigung 0–100 in Sek.	– – –	– – –	24 s	24 s 2/69:21 10/74:20	****
Verbrauch auf 100 Kilometer	8 l	8 (8,5)	8,5 (9)	8,5 (9)	

Über den Trabant 1.1 lagen bei Manuskriptschluß noch keine vollständigen Angaben vor.

TYA 9

QUELLEN

Bücher

* Oswald, Werner, Kraftfahrzeuge der DDR, Stuttgart, 1975
* Kirchberg, Peter, Horch Audi DKW IFA, Stuttgart, 1985
* Motor-Jahr 1956/57 — 1987/88 (verschiedene Ausgaben), Berlin/DDR

Zeitschriften

* Der Deutsche Straßenverkehr, Berlin/DDR, (verschiedene Hefte)
* Kraftfahrzeugtechnik, Berlin/DDR, (verschiedene Hefte)
* Illustrierter Motorsport, Berlin/DDR, (verschiedene Hefte)
* Die Automodelle/Autokatalog, Stuttgart (verschiedene Ausgaben)
* auto motor und sport 11/64
* Auto Bild 39/89

Sonstiges

* Genex-Geschenkkatalog 1989
* Prospekte, Pressemitteilungen und andere Unterlagen des VEB Sachsenring in Zwickau
* Archiv des Autors

FOTONACHWEIS

Werksfotos VEB Sachsenring Zwickau (12), Reinhard Klein, 5000 Köln (Titel +8), Matthias Röcke, 5480 Remagen (6), Heinz-Toni Sesterheim, 5489 Leimbach (6), Archiv Heel-Verlag (5), Franz-Christoph Heel, 5330 Königswinter (2), Olaf Schumacher, 5300 Bonn (1).